林宜璟——著

PARTS 談判思維

百大企業指定名師教你拆解談判結構，
幫你在談判攻防中搶佔先機、創造雙贏

活用商務談判思維創造精彩人生

林明樟
連續創業家暨兩岸三地上市公司
指名度最高的頂尖財報職業講師

談判是一種藝術，沒有標準答案，因為主軸都是面對不可控的人性反應。實務上沒有最佳解，但有最適解法，通常都是能同時考量雙方或多方立場，過程中又能創造共同解決問題的共識，才能在多方共贏的基礎上，找出最適解法。

作者宜璟兄，是我在講師十多年職業生涯中，所遇見有深度、有實戰經驗的高高手友人，獨創的談判計畫表，讓您有方法、有步驟找出不同場景下可能的最適解，透過五個談判元件（P.A.R.T.S），讓您了解影響談判的幾個重要變數，手把手一步步教您如何不迷失、不動氣（有目標意識）的出牌、讓步與收尾。

一般人以為商務談判是很嚴肅、是一種你死我活的鬥爭場面，但宜璟兄的這本書點出了萬事皆可談的實戰智慧，讓大家看到商務談判的三種層次：

1. 生活大小事的搓商，叫「溝通」。
2. 工作大小事的溝通，叫「協商」。
3. 事業合作大小事的溝通，叫「談判」。

這是一本生活與工作上都能助您一臂之力的工具好書，ＭＪ五星真誠推薦給熱愛學習的您。

Contents

推薦語 活用商務談判思維 創造精彩人生／林明樟……002
前言 關於談判，五個你應該多多談、好好談的理由……007
「談判計畫表」服用說明書……027

談判觀念篇
1 萬事皆可談，冤情不能談——談判時你到底要的是什麼？……033
2 畏因與畏果——談判的五大變數……047
3 錯的事不會因為用力做而變對——談判的實利、關係和時效……059
4 人生是無限遊戲，通常談判也是……077
5 談判發生的條件——你想談人家卻不跟你談時怎麼辦？……095

談判參與者與籌碼篇
6 進對門還要找對人——公義與私利……117

7 談判和棒球——局數和球員 135
8 談「談判籌碼」，有談判就有籌碼——愛的相反不是恨，而是冷漠 153
9 你很強，我很怕，我拿什麼跟你談？——談判的籌碼 167
10 在愛情裡不被愛的才是第三者——談判BATNA的價值投資判斷 179

談判規則與心理篇

11 順規則談，逆規則想——談判的可改變與不可改變 197
12 桌上永遠不要只有一道菜——多元才容易雙贏 219
13 不能改變事實就換個說法！——談判心理戰術之「迷霧篇」 245
14 不能改變事實就換個說法！——談判心理戰術之「比較篇」 265
15 不能改變事實就換個說法！——談判心理戰術之「好感篇」 275
16 不能改變事實就換個說法！——談判心理戰術之「互惠篇」 287
17 不能改變事實就換個說法！——談判心理戰術之「一致篇」 299

談判出價還價篇

18 談判的出牌讓步與收尾——「出牌篇」……313
19 談判的出牌讓步與收尾——「讓步篇」……327
20 談判的出牌讓步與收尾——「收尾篇」……343
結語 談判的七宗罪……351
附錄 「談判計畫表」範例——莎喲娜啦！東京！……365

前言 關於談判，五個你應該多多談、好好談的理由

案例

上學的日子，爸爸每天送小學五年級的兒子上學。

有一天爸爸叫兒子起床準備上學。

兒子說：「爸爸我好睏喔！再多睡十分鐘？」

爸爸說：「不行！這樣你會遲到。」

兒子說：「我答應你我等一下早餐會吃快一點，不拖拖拉拉的。還是一樣時間出門啦！」

爸爸想了五秒鐘，說：「好吧！」

動動腦

1. 這算是場談判嗎？
2. 你對談判的定義是什麼？
3. 除了爸爸爽快答應兒子的要求之外，可能還有什麼結果嗎？

一　原來，我們和談判靠得這麼近

我知道你會打開這本書，一定是書名勾起你心中某些好奇；但我不知道的是，在你看這本書之前，你對談判的看法是什麼？

就像我也不知道，你認為前面那一個爸爸跟兒子的對話算不算一個談判？

很多人聽到「談判」這兩個字，就覺得充滿了殺戮之氣。好像就是兩個人張牙舞爪、各懷鬼胎，無所不用其極，就只想從別人的嘴巴裡多搶下一塊肉來。

但事情不是這樣子的。**所謂談判，就是透過溝通和交換，讓彼此生活變得更美好。**關鍵字：溝通、交換、生活更美好。

談判會給人有殺氣騰騰的感覺，我推測部分原因跟翻譯有關。如果你上網搜尋一下，你會發現中文的「談判」跟「協商」，翻成英文都是「negotiation」。如果說我們來協商，這樣聽起來是不是溫和多了呢？

近代中文從國外引進很多新的詞彙以表達新的觀念，而過程中很多詞彙在中文的土壤上展開了新生命。詞彙進口之後語意變強烈的還有一個例子：革命。這個字的英文是「revolution」，原意只是巨大激烈的改變。像工業革命「Industrial Revolution」，原本的意思只是生產技術劇烈、大規模的改變。但是在中文裡成了要「革」人家的「命」，聽起來就多了一股血腥味。

為了一致，這本書我們還是用「談判」這兩個字，但是基本上它是溫柔的，儘管可能是堅定而溫柔。它是溝通的一種特殊方式，儘管必要的時候也可以比較粗暴。但是那是你的選擇，而不是必然的狀況。

所以依這個標準，我認為兒子已經跟爸爸完成了一場談判，而且結果皆大歡喜。如果一個五年級的小學生，都懂得運用談判，那麼我們應該也可以相信談判其實是人類的本能。**當碰到有不同的意見、卻必須要共同完成某些事情，而又不想使用暴力脅迫的時候，談判就會發生。**以這個案例而言，所要共同完成的事就是準時上學。

可惜談判不能只靠本能。

二 本能與本事

本能很好。人類依靠本能而在地球上存活下來。

本能也不好。因為人類的本能發展於蠻荒的原始環境，而在那個環境裡，迅速反應比正確重要。但「迅速反應比正確重要」這件事，已不適用於現代文明社會。

比方黑夜中一個原始人看到黑影靠近，於是就用力丟出標槍，而且一槍命中，那只有兩種結果：

1. 來的是隻獵食動物（假設是黑熊好了。因為體型和人比較像，又黑，看不清楚）。黑熊死了，你活下來。你的基因可以繁衍下去。
2. 來的是個人，而且搞不好還是與你同部落的人。結果那個倒楣鬼死了，但你還是活下來。你的基因可以繁衍下去。

相反的，如果你仔細弄清楚來的是什麼再東西後，再決定要不要丟標槍，那也有兩種結果：

1. 來的是人，說不定還是帶著獵物和你分享的族人。你活下來。你的基因可以繁衍下去。
2. 來的真是隻黑熊，你來不及反應，被熊吃了，Gameover。你的基因從此從地球上消失。

我想你發現了，想得多的人只有四分之一的機會有子孫（四種情況中的一種），但想都不想直接丟出標槍的人一定會有後代。

但是當人類社會變得複雜，人際關係更加綿密且長久時，這樣的本能反應通常不會帶來好的結果。

原始人遇到威脅的基本反應就是：「fight or flight」，「打」或「逃」。但是在文明社會中，打或逃基本上都不是好方法。更好的方法是**透過溝通了解彼此的需要，經由交換各取所需，最後藉由一連串的動口不動手，讓彼此生活變得更美好。**是的！我說的還是「談判」。

簡單的談判，孩子的「本能」夠用了；但大型複雜的談判，你更需要的是「本事」。而本事是需要學習和練習的。

三 你應該多多談，好好談的五個理由

談判像空氣，我們時時刻刻呼吸著它卻常毫無覺察。

小談判靠本能，大談判靠本事。而本事不是人類的出廠預設值。

所以如果你同意常被忽略的空氣品質對生活很重要，也認可本事是需要刻意學習才能獲得的能力，那麼基於以下幾個原因，我強烈建議有緣在這文字空間與我相會的你，主動常常談，並練習好好談。這樣，你的生活會變得更美好。

❶ 該談卻沒談的狀況，比我們想像的多得多

如果叫孩子起床都是個談判，那麼用這樣的標準來檢視的話，你今天早上眼睛睜開起床到現在，進行了幾次談判呢？再提醒一次，凡是雙方有不同的意見，卻還想要共同完成某件事，就是一個談判的情境。比方一些芝麻小事：

(1) 吃完飯後誰洗碗？（你說我們家都用洗碗機了。好吧！那總還是要有人把碗放進機器吧？）

(2) 誰倒垃圾？

(3) 誰先用浴室？

(4) 叫外送時，你想吃炸雞、我想吃漢堡，怎麼辦？

又一個提醒，你千萬不要擔心這樣熱愛談判會讓你成為一個討厭鬼。

我曾經在一篇美食報導裡看過一句話：「如果你認為肉粽不好吃，那只是因為你沒有吃過真正好吃的肉粽。」所以借用這個句型：「如果你害怕經常談判會傷害你的人緣，那只是因為你還沒有真正的了解談判。」

如果你願意耐著性子讀完這本書，並且照表操課的話，我相信不但不會讓你討人厭，相反的還能提高你處理衝突的能力，贏得肯定和自信。

這裡說的照表操課不只是一種比喻，而是本書中真的有很多「表」。我是個工具論者，我相信好工具的價值。這些表單，就是我在書中帶給讀者的工具。在我多年的培訓及顧問工作中，我發現引導本能成為本事最有效的方法，就是讓思考在工具的適當規範下，跳脫打或逃的慣性。

然後，當工具用熟練之後，你會建立新的慣性，也就是新的本能。這個新的本能一樣可以讓你快速做出決定。但這一次，這個高階本能的成效，已經遠勝於打或逃的本能了。

❷ 好好談不能包贏，但是絕對可以提高打擊率

美國大聯盟打擊率近四成的打擊手，和打擊率兩成的打擊手，請問年收入相差多少？

我雖然沒有精確的數字，但是請想想鈴木一朗跟那一大堆你沒有聽過、打擊率大約兩成出頭的打擊者，年收入的差距，恐怕要差幾個零吧？

其實在大聯盟的強投面前，要打出兩成打擊率也很厲害了，但為什麼二十%的打擊率會有這麼大的差別呢？因為積小勝為大勝。揮棒次數越多，打擊率差異造成的結果差異就越大。

所以當你有意識的覺察每一次的談判都有機會更好，又有意識的練習打擊、提高打擊率的話，那麼積小勝為大勝的美好結果，就會發生在你的生活中。

❸ 談判賺錢最快

你買過房子嗎？一個房子動輒上千萬，談得好不好，價格可以相差個幾十萬、上百萬，這應該不會讓你意外吧？

但是要提醒的是，你有算過買房子的時候如果因為談得好而少付一百萬，這樣子可以節省你幾年的奮鬥嗎？

我不知道你年收入多少，但這不是重點，重點是你一年可以存多少錢？存下來的錢才是你這家「個體戶公司」一年的淨利。年收入一百萬，說不定一年只能存下十萬，所以當買房子少付一百萬的時候，你立刻少了十年的奮鬥。因此，用談判賺錢最快，而且談下來的每一塊錢都是淨利。

❹ 談判是機器不能取代的關鍵能力

人工智慧（AI）越來越厲害。你現在從事什麼工作呢？你擔心你的工作被機器取代嗎？如果5分代表很擔心，1分代表很不擔心，請問你現在對自己的工作評價幾分呢？

思考這個問題有另一個角度，就是你現在的工作跟談判的關係大嗎？如果5分代表很大，1分代表很小，你又給幾分呢？

如果你的工作跟談判關係很大，但卻又很擔心工作被機器取代，那你就多慮了。AI接下來怎麼發展，真的說不準；但可預見的未來，機器不會談判。

為什麼我有這樣的信心？因為在後面的章節中，我會說明任何談判其實最終都決定於價值觀，也就是決定究竟什麼才是重要的。ＡＩ現在儘管很厲害，但是還沒有辦法做價值判斷，能做價值判斷的只有人。

不要和機器拼速度、拼準確，你注定會輸。以談判為平台，展現人類在價值判斷上的重要性，是值得努力的方向。

❺ 談判讓你「take back control」

經由公民投票，英國在二〇二〇年退出了歐盟。而推動退出歐盟運動的最有影響力一句口號，就是「take back control」，意思是退出歐盟能讓英國人民「拿回控制權」。這句口號觸動了許多英國人的心，最後造成英國脫歐。

我認為人生最爛的感覺就是無能為力，也就是對於事情的發展你什麼事都不能做，完全受制於人。但是，如果你真的搞懂談判，就會發現人生真的無能為力的狀況極少。

我不能說人生沒有無能為力的時候。因為根據黑天鵝原理，除非你看過世界上每一隻天鵝，否則你不能說世界上沒有黑天鵝。同理可證，除非我經歷過世界上每一個人的每一個人生情境，否則我不能下這樣的斷論。而我當然不可能經歷過所有人的人生。

但是我想說的是，多數人都低估了做些事讓情況比較好的可能性。在後面的章節中，我會說明即使你衰到爆遇到拿槍的搶匪搶劫，都還是有機會讓結果變得比較好。

又是個打擊率的問題，對吧？

當你建立了談判的正確心態，你會感覺「take back control」，人生美好許多。

四 為達目的，慎選手段

說了那麼你應該多多談、好好談判的原因，現在剩下最後一個重要的問題：要怎樣才能好好談呢？

這事說簡單也簡單，說複雜也複雜。

說簡單是因為要搞好談判，核心就是一句話：**為達目的，慎選手段。**

說複雜的原因是，從這句話引伸出三個問題：

1. 你的目的是什麼？

2. 有什麼手段可用？

3. 可用的手段中什麼又是最恰當的？

而這三個問題都不好回答。

先從簡單的說起。

比起「為達目的，慎選手段」，我想你更熟悉的是「為達目的，不擇手段」。後面這句話通常用在耍狠，或是展現決心的時候。

但這句話完全是錯的！

首先，「錯的事不會因為用力做而變對，也不會因為重覆做而變對」。當一個手段在邏輯上就是達不到想要的目的的時候，把這個手段使得再用力、用得再多次，還是白費力氣。

就像爸媽想和孩子建立良好的關係（目的），卻選擇用打罵的方式（手段）。而且當發現打罵無效時，就打得更狠、罵得更凶，更頻繁的打罵，這注定只會把孩子推得更遠。

其次，不同的手段有不同的成本，也有不同的效益。

為了建立和孩子良好的關係（目的），爸媽決定對孩子有求必應，孩子想要什麼就給什麼（手段）。結果爸媽花了一大堆錢（成本很高），孩子還因此有偏差的價值觀（更高的成本），不求上進，把爸媽給的視為理所當然。結果孩子長大後只會在家啃老，雖然親子關係還過得去，但成效卻絕不是爸媽原先想要的。

接下來再談複雜的。

❶ 你的目的是什麼？

目的就是指在談判中，你到底要的是什麼？

你到底要的是什麼？這絕對是一個直擊靈魂深處的大問題。談判的時候如果這個問題你可以不假思索的回答出來，那麼你不是已經深思熟慮很久了，就是根本連想都沒想過。

因為這個問題的背後，就是前面曾提到的，機器還不會做的價值判斷。與生意夥伴的交情和二千萬元，哪一個重要？長期的口碑和短期的利潤，又是哪一個比較重要？

再回到本章一開始爸爸叫兒子起床的案例。爸爸的目的就只能是兒子準時上學嗎？會不會爸爸的目的是想讓兒子學會紀律？或又爸爸的目的是建立自己的威嚴呢？如果爸爸的目的不一樣，後面的情節絕對會完全不同。

這當然沒有標準答案，但在本書中，我會給讀者一些釐清思緒的思考「工具」。

❷ 有什麼手段可用？

手段就是達到目的的方法。這些手段在本書中，我用影響談判的「變數」來代表。用變數這兩個字的原因是：

(1) 變數的「變」這個字更能說明談判多變的特質。

(2) 變數這個來自數學的名詞，給我一種嚴謹的美感。似乎讓談判這件事層次更高一些。

（第(2)點只是濫用作者寫書可以胡思亂想天馬行空的特權，讀者可以略過）

「真正會害死你的，不是你不知道的；而是你不知道你不知道的」。談判時另一個常見的錯誤，是局限在自以為的有限條件中尋找答案，看不到加入新變數之後的美麗新世界。

所以這本書的另一功能是個檢查表（如同前面所說，這本書真的有很多表），讓一個真心想談好一場談判的談判者，覺察到他不知道什麼，然後可以有效的把這些不曾想過的變數代入談判中，以得到更好的結果

❸ 可用的手段中什麼又是最恰當的？

不同的手段能達到不同的效益，不同的手段也有不同的成本。成功的談判者能夠預想手段（變數）和結果之間的因果關係，還能夠對不同手段（變數）

的成本，做出適當的價值判斷。

培養成功的談判能力，讓大家生活變得更美好，正是這本書最初、也是最終的目的。

這本書接下來篇幅就會先談目的，再談手段，並詳細說明不同手段和目的間的因果關係，循順漸進的讓你學會使用書中的談判工具。

這個工具有一個樸實無華且枯燥的名字，叫做「談判計畫表」。

讓我們開始吧！

「談判計畫表」服用說明書

1. 臨床實驗顯示，請找一個自己生活中實際遇到的談判案例，套用在表單中，能收到一魚兩吃的神奇功效：

(1) 第一吃：讓你把這個談判談得更好，說不定好到翻轉你的人生。

(2) 第二吃：精進你的談判功力。讓你的下一個談判會談得更好。每天進步一%，一年進步三十七・八倍。複利的效果，還記得吧？不信你可以自己算。

2. 根據臨床實驗顯示，完整使用本表格會有最好效果。但如果只用其中一部分：

(1) 也不會產生有害的副作用。所以能用就儘量用，有用有保佑。

(2) 每個談判的情境都不同，有些欄位可能真的不適用你所面對的談判。所以請不要有強迫症，真的不用每格都要填。覺得不必填的時候，請勇敢跳過。談判的世界你都是自己的主人了，更何況填表這種小事？

(3) 你說你最懶得寫字了。你的心情我能體會，如果你不想寫字就不要寫，誰叫你是自己的主人呢？但即使沒寫下來，也建議一格一格的自問自答，好好想過。臨床實驗顯示這樣可以：

・有助於你的大腦迅速開機，進入高效能運算的狀況。

・防止人為接錯線導致的當機。

3. 服用前請先儘量閱讀完這本書，根據臨床實驗再次顯示這樣會有最好的效果。但如果：

(1) 你想一邊翻書一邊填，ＯＫ的啦！要人家一口氣看完一本書，真的很過分耶！邊翻邊寫效果當然會打一點點折，但比起你心情愉悅的好處，這一點效能損耗微不足道啦！

(2) 記得要翻書！記得要翻書！記得要翻書！因為很重要，所以講三遍。

4. 為了讓讀者深入了解這個表單的精髓並熟悉使用的方法，在本書最後的附錄中提供了範例。如果你在服用的時候卡住了，請參考範例。多數的情況，這樣就可以消解因服用而產生的不適感。

談判計畫表

填表日期：　　／　　／

談判主題：

談判對象（組織）：＿＿＿＿＿＿

主要談判對手姓名（個人）：
1. ＿＿＿＿＿＿
2. ＿＿＿＿＿＿
3. ＿＿＿＿＿＿
4. ＿＿＿＿＿＿

一、談判的目的

		實利	關係	時效
這次談判要達到的具體目的	想得到的結果			
	以三年為基礎，換成錢			

	我方的立場		對方的立場	
雙方的「立場」與真正的「利益」，分別是什麼？				
	我方的利益		對方的利益	

二、影響談判結果的變數

Player	預計談判局數				
	各局參加人員		第一局	第二局	第三局
		我方			
		對方			
		第三方			

<table>
<tr><td rowspan="6">Added Values</td><td rowspan="4">如果你玩的話，
你有什麼權力？</td><td colspan="2">資源權</td><td colspan="4"></td></tr>
<tr><td colspan="2">專家權</td><td colspan="4"></td></tr>
<tr><td colspan="2">法定權</td><td colspan="4"></td></tr>
<tr><td colspan="2">負面權</td><td colspan="4"></td></tr>
<tr><td>如果你不玩的話，
你的 BATNA 是什麼？</td><td colspan="6"></td></tr>
<tr><td>有什麼方法，
可以強化你的 BATNA 嗎？</td><td colspan="6"></td></tr>
<tr><td rowspan="5">Rules</td><td>這個談判有依循什麼規則嗎？</td><td colspan="6"></td></tr>
<tr><td>你打算遵循這個規則嗎？
為什麼？</td><td colspan="6"></td></tr>
<tr><td rowspan="2">破壞這個規則對雙方的好處</td><td colspan="3">對我方的好處</td><td colspan="3">對對方的好處</td></tr>
<tr><td colspan="3"></td><td colspan="3"></td></tr>
<tr><td>可以引入什麼對我方有利的新規則嗎？</td><td colspan="6"></td></tr>
<tr><td rowspan="5">Subjects</td><td>有什麼議題可以放到這場談判中，以使結果對我方比較有利？</td><td colspan="6"></td></tr>
<tr><td rowspan="2">請在這些議題中，選出三個雙方「認知價值差異」比較大的</td><td colspan="2">議題一</td><td colspan="2">議題二</td><td colspan="2">議題三</td></tr>
<tr><td colspan="2"></td><td colspan="2"></td><td colspan="2"></td></tr>
<tr><td rowspan="2">迷霧：這場談判中你可以如何運用迷霧？</td><td colspan="2">製造
迷霧</td><td colspan="2">消除
迷霧</td><td colspan="2">維持
迷霧</td></tr>
<tr><td colspan="2"></td><td colspan="2"></td><td colspan="2"></td></tr>
</table>

<table>
<tr><td rowspan="7">Tactics</td><td rowspan="2">比較：你考慮將你的提議，打包成幾「包」方案嗎？</td><td colspan="4">方案一</td><td colspan="4">方案二</td><td colspan="4">方案三</td></tr>
<tr><td colspan="4"></td><td colspan="4"></td><td colspan="4"></td></tr>
<tr><td rowspan="2">好感：可以找出雙方的什麼共同點來建立對方對我們的好感？</td><td colspan="4">共同點一</td><td colspan="4">共同點二</td><td colspan="4">共同點三</td></tr>
<tr><td colspan="4"></td><td colspan="4"></td><td colspan="4"></td></tr>
<tr><td rowspan="2">互惠：談判中你計畫給對方什麼好處？怎麼給？何時給？</td><td colspan="6">基本款——有來有往</td><td colspan="6">進階款——退而求次</td></tr>
<tr><td colspan="6"></td><td colspan="6"></td></tr>
<tr><td>一致：要讓步的話，可以加上什麼條件，讓「慣例」變「特例」？</td><td colspan="12">條件 1：
條件 2：
條件 3：</td></tr>
<tr><th colspan="14">三、出牌、讓步與收尾</th></tr>
<tr><td rowspan="3">出牌</td><td>你計畫開高？高低？或開平？</td><td colspan="12"></td></tr>
<tr><td>之所以這樣開牌的原因是什麼？</td><td colspan="12"></td></tr>
<tr><td>你計畫給對方的第一個提案是什麼？</td><td colspan="12"></td></tr>
<tr><td rowspan="4">讓步</td><td>次數：你計畫讓步的次數（配合 Players 的預計談判局數）</td><td colspan="12"></td></tr>
<tr><td rowspan="2">幅度：預計的讓步幅度</td><td colspan="3">第一次</td><td colspan="3">第二次</td><td colspan="3">第三次</td><td colspan="3">第四次</td></tr>
<tr><td colspan="3"></td><td colspan="3"></td><td colspan="3"></td><td colspan="3"></td></tr>
<tr><td>速度：計畫的讓步速度</td><td colspan="12"></td></tr>
<tr><td>收尾</td><td>談判的「議題」中，有什麼是你打算當作「小惠」，留在收尾時使用？</td><td colspan="12"></td></tr>
</table>

重點回顧

1. 談判是透過溝通和交換，讓彼此生活變得更美好的處理衝突的方法。
2. 談判不一定要殺氣騰騰，可以很溫和、很美好。
3. 你應該多多談，好好談的五個理由：
   (1) 該談卻沒談的狀況比我們想像的多得多。
   (2) 好好談不能包贏，但是絕對可以提高打擊率。
   (3) 談判賺錢最快。
   (4) 談判是機器不能取代的關鍵能力。
   (5) 談判讓你「take back control」。
4. 成功談判的核心觀念：為達目的，慎選手段。

談判觀念篇

1

萬事皆可談，冤情不能談

談判時你到底要的是什麼？

案例

春嬌和志明結婚三年，終於決定買房子。在春嬌的娘家附近，走路只要十分鐘的地方看到一戶屋主自售的房子，開價七百萬。地點和屋況兩人都很中意，每坪單價也低於行情，只是總價有點超過預算。

志明對屋主表達他們很有買屋的誠意，尤其是這房子離春嬌的娘家很近，日後照應很方便。但因為手頭真的緊，志明提出六百五十萬的價格，希望屋主體諒。

屋主表示他開的價格很實在，不是灌了水等人家來殺的。目前有別的買家也正在談。但看志明夫妻兩人都很誠懇，那就各讓一半，六百七十五萬好了。

志明和春嬌考慮一個晚上，接受了六百七十五萬這個價錢。兩人開心的等待搬新家。

動動腦

你對志明和春嬌這次買屋的談判，有什麼看法？請在以下答案中，選出你認為合適的描述，可複選。

1. 價格低於行情，又是喜歡的房子，買到就是好事。
2. 春嬌志明不應該接受六百七十五萬的價位。如果殺得再狠一點，應該可以買到更低。
3. 做人以誠相待，既然都有誠意，像這樣攤開來談就是最好的方法。

4. 春嬌志明決定得太快了。賣方都說還有別人出價，其實都是騙人的。再撐一下，就降價了。
5. 以上皆非。

前一篇談到談判的核心就是一句話：「為達目的，慎選手段。」所以這一章就讓我們從目的開始吧！目的，就是談判時你到底要的是什麼。

一 萬事皆可談，冤情不能談

生活裡、工作上遇到衝突時常要靠談判解決。談得好或壞是天和地的差別。而「知己知彼」，不用我多說，也絕對是談判輸贏的關鍵。因此，很多人在談判的時候都很擔心不知道對方的底限是什麼？到底要什麼？也就是「知彼」。但是其實比這更重要的問題是，我們有沒有搞清楚自己到底要的是什麼？也就是「知己」。

我有個朋友是很有口碑的律師，特別擅長打離婚官司。他跟我說他曾經有一位當事人，是位女士。這位女士委託我朋友為她處理離婚官司。我的朋友發揮他傑出的專業能力，為她談了一個他自認為非常優厚的條件。但是這位當事人並不滿意，他只好持續努力再從男方那裡擠出多一些的好處。但問題是不管他談出來的結果是什麼，當事人就是不滿意。最後我的朋友只好無奈地問這位女士到底要什麼？沒想到這位女士很悲憤的說其實她什麼都不要，就只想要讓這個男人痛苦萬分。我的朋友聽完只好很無奈、但務實的分析給這位女士聽：這個男人對你已經完全沒有任何感情了，他也很願意付該付能付的錢，只求回復自由之身。以合法的手段而言，實在沒有什麼再能讓他痛苦萬分的了。

「做為一名律師，我能做的最多就這樣了。」我的朋友說。「如果真的要讓這男人痛苦萬分，就請找黑道吧！我幫不上忙了。」

談判基本原則：萬事皆可談，冤情不能談。

但偏偏這位女士在這場離婚官司中要解決的就是「冤情」。而更偏偏在談判中最不能夠、也不應該當作談判目的的就是冤情。

先來定義冤情。所謂的冤情就是：你讓我有一種模糊、不舒服的感覺，你得為此負責。比方說：「因為你們的疏忽，造成我莫大的損失，我一定要你們付出沉痛的代價。」以這樣的句型當作談判開始的起手式，給對方一點下馬威有時還可以，但是它絕對不能夠成為談判的目的。

談判真正的重點是：**透過溝通找出具體的方案，解決彼此的問題。**

所以一個好的談判目的就是一個具體、明確的解決方案。即使你說其實我談判的目的只是希望對方要給個交代，讓我面子上過得去。那麼你該做的就不是一直告訴對方你受到多大的委屈，而是要求對方用什麼方式做出具體明確的道歉表示。比方比較古典的就是跪在門前洗門風，或者有跟上時代的是在FB上貼出道歉聲明等。

我們再來看一個商務上的例子。如果你們公司承接了一個政府的工程專案，專案合約附有延誤完工的罰則。你的上游供應商延誤送達一個關鍵零件，以致於你可能無法在合約規定期間內完工。請問這時候你應該如何做？

1. 檢查合約，了解供應商的義務。
2. 要求工地負責人，詳細整理開工以來供應商的缺失，並以正式的文件向他們總公司投訴。
3. 打電話給他們總經理，威脅將採取法律行動，向他們索取政府對你們的全額罰款。
4. 要求供應商立即過來會談，並同時連絡其他的供應商，安排關鍵零件替代品的出貨。

請問你選哪一個呢？

以上1到3的答案，都是在處罰對方，要對方負起責任。但只有答案4，才是有助於解決問題的方法。

請注意，我不是說1到3的選項不重要或不能做，而是指在那個當下，第一時間該做的事情是4。因為只有4才能有效的解決你眼下的問題：不被罰款。

有了以上的概念，接下來我們再來談兩個不等式。如果深入把握這兩個不等式，那麼對於談判要的到底是什麼，我們就應該有相當的掌握了。

❶ 立場≠利益

先說這兩個名詞念的定義：

・立場：嘴巴說出來要的。

・利益：心裡真正想要的。

談判的時候如果聚焦在立場，往往就會談死、就會無解，因為立場常常是直接對立且矛盾的。但是滿足利益的方法可能就很多，很可能在來回的討論裡，就能找出滿足雙方利益的方法。

比方說採購談判時，賣方堅持原價，但是買方堅持必須是九折。兩方都說這是底線了，沒得談。請問這「原價」和「九折」是立場還是利益？

聰明的你當然想到了，答案當然是「立場」。

但請問究竟為什麼賣方一定要原價呢？也許，只是承辦這個案子的業務人員怕答應了這個條件主管會不高興（只是也許，真正的原因當然每個個案都不相同）。所以承辦業務人員真正的「利益」是「不被他的主管指責」，而不是「原價」。換句話說，只要你能和他討論出不讓他被主管罵的方法，他就不見得要堅持原價這個「立場」。

那麼要如何讓這位業人員不會被他的主管指責呢？方法可以是：

(1)許他們公司一個未來。也就是畫大餅，讓他們知道如果這次合作愉快，後續還很可以期待。

(2)運用買方的資源，配合賣方做一些行銷活動。如出個使用者見證之類的。

(3)買方的高層出面，讓賣方有客戶很重視他們的感覺。

我知道以上招數都不深，實務上你可能也早已經在運用。但是我想強調的是，當我們不再執著於口頭上所說的內容，而是真正去探索雙方真正要的是什麼的時候，雙贏的機會就大幅提高。

❷ 目的≠結果

上談判桌的時候心中一定要有明確目的。但是隨著談判的進行，這個目的必須是彈性調整、變動的。而談判最後我們所得到的「結果」，通常不會等於原定的「目的」。

談判的時候，雙方不只是在交換條件，更是在試探彼此的籌碼並且交換資訊。談判是一個動態成本效益評估的過程。在過程中，隨著新的資訊進來，我們要動態的去評估這時候得到的東西跟付出的代價是不是划算。當我們得到新的資訊及籌碼時，目的通常都要跟隨調整。

所以如果你一旦設定談判目的後可以不動如山，那只有兩個可能：

1. 你天縱英明再加上運氣絕佳，事情完全如你所預料進行。這樣很好，可惜這種機會極少。
2. 你不在乎這場談判。談到是賺到，沒談到是剛好。換句話說，你有充份的準備接受談判「破局」。

除了這兩種狀況之外，絕大多數的談判我們都必須面對現實，務實的調整談判的目的。

❸ Don't get mad，get everything

現在，我們再回頭過來關心一下文章開頭提到的那位女士吧！究竟我們可以給她什麼建議呢？美國是世上第一強國，美國的第一家庭是世界的第一家庭。我們就來蹭一下美國第一家庭的熱度吧！精準的說，前第一家庭。

美國前總統川普的家庭有點複雜。三位年長的子女由前妻伊凡娜（Ivana）所生，現任第一夫人是第三任妻子。伊凡娜離婚之後也結過兩次婚，而且伴侶越來越年輕，與川普同樣精采。

伊凡娜生於捷克，年輕時曾是滑雪隊成員。一九七〇年代到了美國成為模特兒，然後結識了當時是地產大亨兒子的川普。但她婚後不是在家中無所事事當貴婦，而是參與丈夫的事業，開拓賭場及房地產業務，並且掌握集團內部的設計業務。更被選為傑出企業家，美貌才智兼備。

後來川普有小三要和她離婚，她發揮商場上一貫的高明手段，火力全開，爭取到豐厚的贍養費。然後她把自己的內外都打理風光，日子過得精采十足。即使到了近七十歲高齡也毫不寂寞，身邊小鮮肉不斷。

她有一句名言，送給所有女士：要堅強、獨立。發生不愉快事情時，Don't get mad，get everything（別抓狂，而是抓住你能抓的所有東西）。

是的！Don't get mad，get everything！這就是我能給那位女士的小小建議了。不論你受的傷有多重，在談判桌上那都是冤情而已。眼下真正重要的是正視已經發生的情境，把握所有能把握的條件，找出對自己最有利的具體方案，解決彼此的問題。

把這個態度延伸到生活，就是**不管過去發生了什麼，那都不重要；重要的是現在我能做什麼，讓眼下的情況變得更好。**

我不知道你和父母的關係好不好？也許你有個不太圓滿的原生家庭。不過那不重要，重要的是你現在想要和他們有什麼關係？以及你可以怎麼做？

我不知道你為什麼會遇到這種渣男？那不重要，重要的是你現在還要他嗎？如果要的話，為什麼？不要的話，又是為什麼？然後你可以怎麼做？

我不知道這種倒楣透頂的事情為什麼發生在我的身上？那不重要，重要的是我現在想要什麼結果？以及我可以做什麼來達到這個結果？

女兒小學的時候，有次數學考了七十五分。她問我七十五分是好分數嗎？我說所有考過的分數都是好分數，因為過去的分數都不能改變了。既然是不能改變的事，就當做它是好事吧！

當把焦點放在「現在」可以做什麼讓結果更好，哪怕只是好一點點，都可以有掌握生活的感覺。「take back control」。而一旦從冤情走出，聚焦在可能的解決方案，說不定就有許多新的可能在彼岸等待著你！

你說這樣太理想化了！人哪有這麼容易轉念的？同意！真的很難。但這是個值得努力的方向，而且需要練習，不是嗎？

再說一次，Don't get mad，get everything！

❹ 關於春嬌和志明的房子

所以我們會給春嬌和志明這對小夫妻什麼建議呢？五個答案該選哪一個呢？如果我的話，我會選「5」以上皆非。因為這個談判中，有太多我們不知道的因素，而這些因素決定了春嬌和志明是否做出了最適當的決定。這些因素可能有、但不只有以下這些：

(1) 春嬌和志明口袋有多深。說不定人家是少年股神，一分鐘幾十萬上下，二十五萬對他們而言只是一塊蛋糕，事情趕快解決就好（你不要跟我說少年股神哪會住六百多萬的房子？你沒看過超低調的股神嗎？）。

(2) 春嬌可能超黏她媽媽。能住在娘家附近很重要，至少比二十五萬重要。

(3) 我們也不知道春嬌娘家附近走路只要十分鐘的地方，有多少房子要賣，說不定只有這一戶。

(4) 我們不知道春嬌和志明有多急著需要這房子。說不定他們已經有孩子了，而且孩子的預產期就在下個月。

(5) 你真的喜歡這房子，但你也真的不知道還有沒有別人出價。萬一屋主沒騙你呢？萬一和這房子一轉身就是永別呢？

以上這些因素都會影響夫妻倆的決定。所以我才會強調，談判最後的決定都和價值判斷有關。

我們能做的，就是坦誠的檢視自己的價值觀，最後做一個日後後悔機率最小的選擇。

談完目的，下一篇我們談手段。也就是影響談判結果的變數。

重點回顧

1. 萬事皆可談，冤情不能談。所謂的冤情就是：你讓我有一種模糊、不舒服的感覺，你要為此負責。
2. 談判真正的目的是：透過溝通找出具體的方案，解決彼此的問題。
3. 立場≠利益
   (1) 立場：嘴巴說出來要的。
   (2) 利益：心裡真正想要的。
4. 目的≠結果
   (1) 目的是上談判桌時心中明確想要的。
   (2) 談判開始，這個目的會彈性調整。
   (3) 最後所得到的「結果」，通常不等於原定的「目的」。
5. Don't get mad，get everything：過去發生什麼不重要，重要的是現在你能做什麼讓結果好一點。

2 畏因與畏果

談判的五大變數

案例

你是一位年輕有為的業務主管。你熱愛你的工作、熱愛你的客戶。你也還想愛你業務團隊的成員們，但有時他們白目到讓你切心，實在愛不下去。

有一天白目二號（就是比白目一號好一點的那位）來敲你辦公室的門，問你說有個白目的客戶（白目的人常常認為白目的是別人，這就是「白目定律」），竟然想要砍價二十%，問你該如何處理？

沒有其他資訊，沒有其他說明，就是這麼一個光溜溜的問題。

你按下心中的怒火，因為畢竟比起白目一號，二號至少還知道要來問一聲，而不是像一號一樣直接答應客戶。

動動腦

在不叫他滾的前提之下，抱著普渡眾生積陰德的心情，請問你可以從哪些角度帶領他把這個案子的頭緒弄清楚？

前面的章節我們帶出了「為達目的，慎選手段」的重要概念。從這章開始，我們就要開始逐步的拆解並落實它。

一 談判的心法與口訣

武俠小說中學習武功有心法和招術。心法和招術都很重要，心法決定了招術的精神，招數則是心法的實現。所以這章我們就來探討談判的基本心法，以及招術的「口訣」。至於口訣中每一個「字訣」的微言大義，則會在後續各章中，一一揭曉詮釋。

談判的基本心法為「菩薩畏因，眾生畏果」，而口訣則是「PARTS」。

❶ 心法：「菩薩畏因，眾生畏果」

在我的談判課程中，我問學員們談判時最在乎的是什麼？不意外的，大多數都說最在乎談判的「結果」。但這其實是一個弔詭的哲學問題，因為我們雖然在乎得到什麼結果，但**這個結果卻不是我們可以控制的，我們真正可以控制的是導致這些結果的「原因」**。所以在乎結果並不會改變任何事情，我們真正要在乎的，反而是能夠影響結果的這些原因。

我認為把這個事情說得最透徹的是佛家的一句話：「菩薩畏因，眾生畏果。」這句話直白的解釋就是：沒有智慧的芸芸眾生每天都在害怕，怕生病、怕沒錢、怕沒人愛，怕很多很多很多。但是怕不會改變任何事情，只是怕，惡果還是一個接一個來。而有大智慧的菩薩，知道擔心「果」是沒有用的，真正要擔心的是，你有沒有去做能得善果的「善因」，避開導致惡果的「惡因」。怕病就要盡量減少讓人生病的原因，比方說不好好吃飯、不好好休息、不好好運動；怕沒錢，那就要好好工作、好好理財，因為那才是可以讓你有錢的原因；而怕沒人愛，當然就先要好好的去愛人。

那有了因之後，是不是一定就有果呢？遺憾的是，不一定。就像人生一樣，我們只能盡量做好自己能做的，但成敗總還有一部分因素掌握在命運之神手上。所以呼應前面所說的，學習談判的技巧不能包贏，但能提高打擊率。

另外說明一下，「不一定」這三個字在本書中會持續出現，而這也許會給一些人帶來困擾。

很多人在學習談判的時候，都渴望有精確的定律，必勝的招數、讓他們從此攻無不克、戰無不勝，但世上並沒這樣的定律和招數。我甚至要提醒你提防販賣這樣觀念給你的「大師」們，因為當他們給你這樣不切實際的幻覺時，反而會為你帶來更大的傷害。

每一場談判都是獨一無二的。就像每一次迎向投手投來的球的揮棒，球速、走向、風向、場地狀況，都不相同。我們能做的就是判斷情勢，把球看清楚，發揮所學，盡可能揮出接近完美的一棒。

❷ 口訣：「PARTS」

接下來談口訣。如果在乎談判的結果，那我們就要分析影響談判結果的因素有哪些。因為只有掌握這些因素，才能得到想要的結果。這就是在我的談判課程當中總結出來的談判五大變數，這五大變數可以各用一個英文字來代表，分別是P、A、R、T、S，湊起來就是一個好記的英文字PARTS（零件）。

P：Player，參與談判的人。

A：Added value，談判各方能帶來的附加價值。就是一般所稱的「談判籌碼」。

R：Rule，談判時各方所遵循的規則。

T：Tactic，可以影響談判結果的戰術。

S：Subject，談判時所涉及的議題。

這章會對於這五大變數做大方向的說明，然後在接下來的章節裡，將深入剖析每個變數。

這五個變數我雖然是一個一個分開來講，但那只是為了方便討論。其實變數之間並不是各自獨立，而是環環相扣、彼此連動的。

二 談判五大變數

❶ Player（人）

談判是人在談的，而會影響談判結果的第一個變數也就是人。一開始在規劃談判策略的時候要判斷：

(1)我方應該有誰參與這場談判？對方又有誰該參與這場談判？除了我方及對方之外，有沒有第三方的參與可能影響這場談判？

(2)這場談判打算打幾局？每局各自有什麼人參加？

比方說，在談判前，至少要先考量過以下這幾個問題：

(1)這場談判中，對方最高階的決策者是誰？我方最高階的決策者又是誰？

(2)是讓低階的先談？還是讓高階的先談？

(3)如果打的是三局（也就是要進行三次的談判才能把這事談完），那在每局中，我方參與的每個人要扮演的角色是什麼？會釋放出什麼訊息？

❷ Added Value（附加價值／談判籌碼）

為什麼用附加價值而不用談判籌碼這個更普遍的名詞呢？是因為我想湊成PARTS這個字幫助各位記憶嘛！分析談判的籌碼，有兩個基本的方向：

(1) 若你參與談判的話，你能為雙方帶來什麼價值？
(2) 如果你離開談判的話，你又能帶來什麼損失？

❸ Rule（規則）

所有的談判都會依循某些規則，這些規則有些被我們察覺，有些甚至根本沒有察覺。但不論是否察覺，如果我們依循這些規則的話，談判的結果就會被制約在一個範圍以內。而如果我們改變這個規則的話，結果就很可能會不一樣。因此對於規則，談判時有以下問題要問：

(1) 規則是誰定的？
(2) 改變規則的好處是不是大於遵守規則？

❹ Tactic（戰術）

談判時要改變結果，有兩個方向，一個是改變事實，一個是改變認知。比方說想辦法引入新的人，或者是用一些方法增加自己的談判籌碼，這就是改變事實。

但有些時候我們只需要改變對方的認知，就能改變談判的結果。因為決定行為的永遠都不是事實而是認知。這種改變認知卻不需要改變事實的作法，就是說服的捷徑。

或者更白話文的說法就是，有時你談判卡住了，只要換個說法就能改變結果。

說服的捷徑總共有四類，分別為「比較」、「好感」、「互惠」、「一致」。

5 Subject（議題）

我們都希望談判能夠雙贏。雙贏是極有可能的，只是通常要搭配多元議題。意思就是談判如果只談一個議題通常很難雙贏，但如果放在談判桌上的議題多了，那就極有可能因為雙方對同樣議題有不同的價值認知，而達到「各有所好，各取所需」的結果。處理談判議題時，通常有以下的切入點：

・分割。

・掛鈎。

最後還有一點說明。這個招數的公式是PAR「TS」，但是在論述的時候，會依PAR「ST」的順序。也就是書中關於T的章節，會出現在PARS之後。

原因在於PARTS是為了湊成一個字方便記憶，但在解析談判策略時，PARS是屬於戰略型的變數，也就是這些變數會真的改變談判雙方獲得的條件，位階比較高；而T則是「換個說法」的戰術型變數，位階比較低。

除了邏輯上處理完PARS之後再來談T比較通順之外，T也需要運用PARS的材料才能充份發揮功效。這是T放在PARS之後的另一個原因。

三 解析談判的架構

回到本章一開始的案例。當白目二號部屬帶著沒頭沒腦的問題來找你時，你可以如何展開有效的討論呢？

說客戶壞壞、說客戶不念多年交情亂殺價，這都是冤情。萬事皆可談，冤情不能談。重點是找出解決問題的方案。

所以，首先弄清楚在這個案子中，什麼是對公司最重要的？也就是確認「為達目的，慎選手段」中的目的，也就是你到底要什麼？而在商務談判中，通常我們要的不外乎三個方向：實質的利益、加強的關係、快速的時效。

這三個方向在下一章中會有深入剖析。

其次帶著白目三號，運用談判計畫表依 PARTS 逐項分析，這個談判中放入哪些變數最能有助於達到所要的目的，以及這些變數該如何運用。

我不能保證這樣走完之後就有奇蹟發生，客戶不殺價了；但我可以保證的是，經過這樣的流程，我們可以知道自己不知道什麼，並提高打擊率，揮出勝率最高的一棒。

重點回顧

1. 談判心法：菩薩畏因，眾生畏果。我們都最在乎談判的結果。但結果不是我們可以控制的，真正可以控制的是導致這些結果的原因。

2. 談判口訣 PARTS：

(1) P：Player，參與談判的人。

(2) A：Added value，談判各方能帶來的附加價值。就是一般所稱的「談判籌碼」。

(3) R：Rule，談判時各方所遵循的規則。

(4) T：Tactic，可以影響談判結果的戰術。

(5) S：Subject，談判時所涉及的議題。

3. 記憶時 PARTS，運用時 PARST。

3 錯的事不會因為用力做而變對

談判的實利、關係和時效

案例

A是採購部門的課長。A的公司有一家關鍵零組件的供應商，要改變對全球客戶的收款條件，要求客戶從原本的出貨後六十天付款，提早為三十天付款。

A負責對這個供應商的談判。A認為職責所在，決定寸土不讓，堅持維持原本六十天的付款條件。畢竟說起來，A認為自己公司也是世界級的大廠，全年的營收數千億，怎麼可以這麼軟？

談判持續了將近兩個月毫無進展。供應商因為貨很搶手，也根本不在乎，甚至揚言如果不能接受他們的條件的話就不出貨了。

動動腦

1. 你認為這個案例中，A應該最在乎什麼？
2. A又該用什麼標準來評量最該在乎什麼？
3. 如果你是A的主管，你會用什麼思考架構引導他分析這個談判呢？
4. 你想給A什麼建議嗎？建議又會是什麼？

一　方向比努力重要

請想像一個畫面，雖然對於在都市的狗奴而言不太容易。

我小時候住花蓮的透天厝，家裡養狗，用一泊一宿的方式養。也就是狗基本上回家過夜，吃一頓晚餐，然後其他時間就在外面隨便跑，反正該回家的時候就會回家。

有一天可愛的狗狗從外面咬了塊骨頭回來，然後滿心歡喜的把骨頭給我，像是要感謝我對牠的照顧。我當然對牠大加鼓勵，畢竟誰能拒絕這麼可愛的狗狗的好意呢？於是對牠狂拍狂抱給予鼓勵。然後呢？我當然把骨頭丟掉啊！哪一個正常人類，會保留狗從外面撿回來的骨頭呢？雖然狗狗很用心的討好你，但牠卻不知道你要什麼。

「方向比努力重要」，心靈雞湯都是這麼說的。

二 錯的事不會因為用力做而變對

這跟談判有關係嗎？有！

我想說的是，當你代表公司去談判的時候，你就是那隻狗，老闆是主人。

最大的差別是，狗比你可愛得多。如果你咬一塊老闆不要的骨頭回來，狗狗還是會得到拍拍，你則會被老闆狠踹兩腳。因為你帶回來的東西，完全不是老闆所要的。

當然，在公司工作時和公司的關係，並沒有像狗和主人的關係這麼慘啦！同時，我也絕對不是說拿人薪水的就是狗。我只是要用這麼一個極端的例子說明，「錯的事不會因為用力做而變對」。比如何達到一個目標更重要的，是這個目標值不值得達到。

回到本章一開始的案例。這其實是我在客戶採購部門談判課程中分析過的真實案例。

仔細聽完學員們對案例的說明後，我問了幾個問題：

- 公司一年跟這個供應商採購的金額是多少？
- 目前公司的融資利率大約是多少？
- 最重要的是，當付款條件從六十天變成三十天，也就是提早三十天付款。這樣一年產生的額外資金成本又是多少？

經過簡單的數學，還有在場財務部門學員的協助，很快算出來第三題的答案，大約是台幣六萬元。然後我請問學員，作為一家年營收數千億的公司，關於這六萬元，大家有什麼想法？

一陣沉默之後，坐在教室最後面很久的採購處長站出來說話了。她說：「我知道你們處理這件事情好一陣子了，我就想看看如果我都不出聲的話你們會怎麼做，但是聽到你們剛剛講的，讓我真的想翻白眼。」

畢竟是不爽，所以她邊講邊唸說得有點長。我簡單整理如下：

1. 這個供應商變更收款條件，是全球性的政策調整。採購量比我們大得多的其他廠商也是一樣，我不認為再撐下去我們有什麼勝算。
2. 就像老師剛剛講的，你們這兩個月就在搞這六萬元，花在你們身上的薪水都比這都高得多了，值得嗎？
3. 與其在這個三十天的付款條件上跟他們糾結，不如去想想能夠從他們那邊要到什麼其他對我們有價值的東西。比如更好的技術支援，或者行銷活動的配合，這才是我真正在乎的事情啊！

可愛的狗狗還在努力的想把骨頭咬回家，但牠並不知道主人根本不愛骨頭。所以談判前，請先想好兩件事情：

1. **這個談判的結果，會影響哪些人？**也就是所謂的利害關係人。

2. **對這些人而言，他們想要怎樣的談判結果？**沿用前面章節說明過的概念，也就是他們的「立場」跟「利益」分別是什麼？

如果你願意的話，請在談判前先花點時間填一下以下的「談判利害關係人分析」表格，對於澄清自己的談判思路會有很大的幫助。

談判利害關係人分析

談判利害關係人		立場	利益
職稱	姓名		

三 商務談判要的三個東西：實利、關係和時效

在商務談判中我們想要的東西基本上可以分成三類，分別是「實質的利益」、「加強的關係」與「快速的時效」，說明如下：

❶ 實質的利益

這很容易理解。包含談判後價格砍了多少、拗到什麼額外的贈品之類的。比方原本要價一百五十萬的休旅車，我們想要用一百四十萬買到，最好還能附送一頂高級露營帳篷。這就是實質的利益。

❷ 加強的關係

有時雖然沒有拿到什麼實質的好處，但是卻增加了對方對我們的好感，而這好感可能是巨大的收穫。歷史上有個「馮煖買義」的故事，可以很具體的說明這個概念。

孟嘗君是戰國時齊國的貴族，他門下有三千食客，他的食客當中有個名為馮煖的，平時看不出有什麼本事，就是成天東晃西晃。有一次孟嘗君要他到封地「薛」去收租，臨走時馮煖問孟嘗君，收到那麼多錢，要我買些什麼東西回來嗎？孟嘗君說，你看我家裡缺什麼就買什麼好了。

馮煖到了薛地，看到當地的農人，勤勞刻苦，但生活窮困，實在付不出租金。馮煖就把大家的借據收來，一把火燒了，並說：「孟嘗君體諒大家辛勞，年歲不好，今年的租金全免了。」村民萬分感激孟賞君的大恩，感謝聲不絕。

回到家裡，孟嘗君問他，買什麼回來了？他回答說，我看家裡什麼都不缺，就缺義，我就買「義」回來了。然後就把發生的事情說了一遍。孟嘗君想說少了一大筆錢，難免不高興，但想想也不是全沒有道理，也就沒有追究。

後來孟嘗君因為位高權重引起齊湣王的疑忌，就免去他相國的職務，孟嘗君只好返回封地薛。回去時百里之外，薛地的百姓扶老攜幼，歡迎他回故居。這時孟嘗君回頭對馮諼說：「先生為我買的義，今天終於看到了！」

如果不要說這麼久以前的歷史故事，那讓我們切換到現代企業的畫面。請問：讓一家年營收千億公司的執行長對我們公司有好印象，以致願意在我們公司服務的範圍內，以我們公司為首選的供應商。這個價值有多高？

這樣子，應該更容易想像為何加強的關係可以是個重要的談判利益了吧？

❸ 快速的時效

請問如果你是業務，手上有一張在等客戶做最後決定的訂單。你知道如果你願意降價十%，客戶會立刻下單；但是如果堅持不讓，因為你賣的這產品對客戶是必要的，所以估計再堅持一個月左右，客戶還是會下單。請問你覺得老闆會比較喜歡哪一個方案呢？答案當然是：「不一定！」

我曾經在外商公司擔任業務工作多年，每到結算年度業績就是一年最刺激的時候。以我當時工作的那家外商來說，結算年度業績有兩個特點：

(1)公司用的年是「財會年」而不是「日曆年」，也就是我們公司結算業績、核發獎金的時間和生活中的月曆不同。那時最緊張的月份不是每年的十二月而是十月，因為業績目標跟業績計算，都是從每年的十一月一日到第二年的十月三十一日。當業務最最基本的就是千萬記住，你過的年和別人不一樣。

(2) 那個公司特別注重業務有沒有達標。有和沒有是天堂跟地獄之間的差別。如果部門業績沒有達標，哪怕達成率是九十九%，老闆都會很不爽，因為他無法做到對總部的承諾。對！就是承諾，這公司最重視所謂的數字紀律。不過，如果有超過目標的話，這公司的獎金計算公式有一個加權因子，超過目標之後的業績都會得到比例更高的獎金，而且超過的越多，獎金比例越高。

所以回到剛剛的問題，當這張訂單發生在三月跟發生在十月時，你的選擇應該會有所不同，而你也知道該怎麼選擇了吧？

四 商業敏感度：把企業裡的現象換成錢的能力

看到這裡一切好像都很合理，對吧？但是麻煩的事現在才要開始。「實利」、「關係」、「時效」這三個我們都想要，但殘酷的現實是，這三者通常衝突，不可能讓我們要好要滿。

如果想要快點成交，或建立好感，通常要放一點實利出來。而為了守住實利，不是談判時間要拉長，就是可能損害關係。然而如果手上的談判籌碼足夠，的確也能用壓迫的方法讓對方無奈的快速就範，但這樣就很傷感情。

所以當實利、關係、時效這三者衝突時要如何取捨呢？

這個問題有一個很簡單卻俗氣的答案，就是全都換成「錢」。如果你要我說得更具體的話，便是換成「未來三年的錢」。但這樣就又出現兩個問題，分別是「為什麼要換成錢」，以及「如何換成錢」。

❶ 為什麼要換成錢？

先說「為什麼要換成錢」。在我的經驗裡，企業要評估一個人的能力，特別是能否勝任高階職務時，常常出現一個能力指標，叫做「商業敏感度」

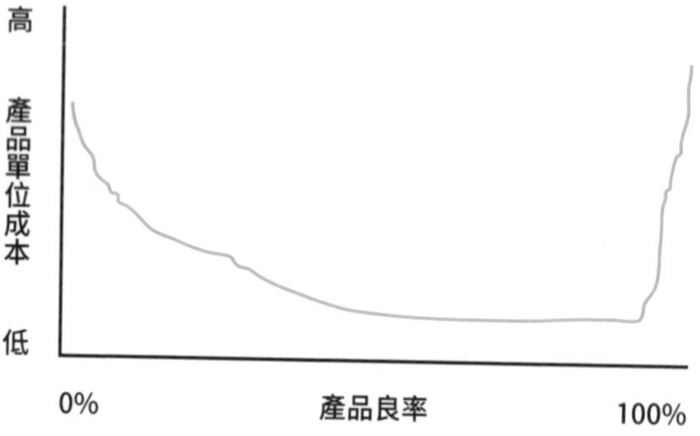

產品良率和成本常見的關係

（business sense）。究竟什麼是商業敏感度，一開始也讓我困惑。但深入了解後，發現這觀念也不複雜。說白了，商業敏感度就是：把企業裡的現象換成錢的能力。

舉例來說，提高產品的良率是好事，但是如果一個生產部門把不良率的目標設為「0」這樣就好嗎？恐怕未必。因為產品的良率和成本通常有非線性的關係，白話文就是一百%良率和九十九%良率，前者的單位成本可能比後者多得多。良率和成本的關係有可能便是如圖中所呈現的樣貌。

所以技術的決策通常是「能不能」，而商業的決策通常是「值不值得」。能不能把良率做到一百%是技術的問題，但是把產品良率做到一百%到底值不值得，就是商業的決定了。

所謂的值不值得，當然就關係到決策時依據的價值觀。而不管你喜不喜歡，企業決策時最普遍被接受的價值觀就是「利潤」，或更直接的就叫做「錢」。所以如何判斷你在談判桌上搏命奮力談出來的成果，回到公司裡是會得到掌聲還是像狗狗咬回來的骨頭一樣被嫌棄呢？除了前面提過的運用利害關係人分析表之外，另外一個重要的方向，就是把這些不同方案間的實利、關係和時效都換成錢。這樣子從三個指標變成一個數字，就容易比較與取捨了。

2 如何換成錢？

接下來談「如何換成錢」，實利一樣不用多做解釋，因為利潤本身通常就是錢，或是很容易變換成錢。比方說，降價對買方而言是直接少付錢；如果拿到爭取來的贈品，這個贈品市價多少，我們心中也大概會有個譜。

但是，關係和時效要如何換成錢呢？如果這問題漫無邊際的確很難想像，但若放到一個三年時間的框架中，就比較容易評估了。當然究竟該用幾年來思考這件事沒有固定標準，但實務上，三年的時間對企業而言是一個不至於短到急功近利，但也不會長到不切實際、或難以想像的時間。

一個客戶未來三年對我們所銷售產品的總需求有多大？我們可能在其中拿到多少比例的訂單？這個數字可以是決定我們該多麼重視這個客戶和我們關係的重要參考。

一個談判早一個月談完和晚一個月搞定，放在未來三年的時間裡來看，對我們公司的營運有什麼影響？如果公司的某產品因為這個談判而晚了三個月上市，那麼這產品一個月的預估營收是多少？或是像剛剛我分享的在外商的經驗，因為一張訂單的即時入手，可能額外得到的業績獎金有多少？這些都可以幫助我們決定時間的價值。

五　錢永遠都很重要，但永遠都不是最重要

在談了這麼多後，關於錢，這裡還有幾個重要的提醒：

1. 把企業的現象換成錢，換算出的數字也許不會很精確，但不代表它沒有參考價值。關鍵是它可以讓我們聚焦，也建立形成商務決策的共同語言。
2. 這種能力的培養，要配合認知能力提昇和廣博的知識。這是一條漫長而無止盡的路，但是這樣的學習投資報酬率極高，絕對值得。
3. 談判就像人生所有其他的決策一樣，先盡可能蒐集你能得到的「客觀」資訊，然後做一個符合你心中聲音的「主觀」決定。這個心中的聲音，可能是某個你重視而無可妥協的價值，甚至違反你原本用錢算出來的結果。如果是這樣的話，那就依循那個聲音吧！畢竟，談判的根本目的是經由溝通讓彼此的生活變得更美好。而要讓生活美好，錢永遠都很重要，但永遠都不是最重要的。

最後我要說的是，狗狗永遠都是最可愛的啦！不管牠有沒有帶、或帶什麼回來，回來就好！

重點回顧

1. 錯的事不會因為用力做而變對。比如何達到一個目標更重要的，是這個目標值不值得達到。
2. 商務談判通常要三樣東西：
   (1) 實質的利益。
   (2) 加強的關係。
   (3) 快速的時效。
3. 這三樣東西通常不能全要，而要取捨。
4. 取捨的根據之一是，通通換成錢。
5. 錢永遠都很重要，但永遠都不是最重要。如果你還有其他更高的價值標準，就請依循那個標準吧！

實作練習

1. 請找一個實際的談判案例來演練。
2. 請仔細思考，並誠實的問自己，在這個談判中，實利、關係及時效三樣類別中，你最在乎的分別是什麼？
3. 如果你選擇的這個案例是商務談判，請用三年的基準，將實利、關係及時效換成錢。

4 人生是無限遊戲，通常談判也是

案例

客戶A問業務B：「你每次都說我們公司是你的VIP客戶。那我問你，你這次給我的價格是不是比其他客戶都低的全國最低價？」很不幸的，還真不是！就是有B的其他客戶拿到比這A客戶更低的價格。

如果你是這位業務，你會如何處理這個問題？

動動腦

1. 請問如果以下五個選項，你會建議這位業務選哪一個呢？

(1) 就說是，反正A客戶也不會知道其他客戶拿到的價格。

(2) 說要查查看，然後回公司再重新報一個更低的價格。

(3) 說也不知道其他客戶拿到的價格，但請A客戶相信你對他們最好了。

(4) 說報價是主管決定的，這不是你的權責範圍。

(5) 說不是，但是你已經盡全力替他們爭取了。

(6) 以上皆非。

2. 如果你選的是(6)，那你的想法又是什麼？

3. 在這個案例中，該考慮的因素有哪些？

說實話，我不確定人生是不是無限遊戲（infinite game）。但是我有限的人生經驗告訴我，把有限人生當無限遊戲來玩，可以解決很多問題。

在談判的時候，這觀念一樣好用。

一 有限遊戲和無限遊戲

「生活中有兩種類型的『遊戲』。有限的遊戲，其目的在於贏得勝利；無限的遊戲，卻旨在讓遊戲永遠進行下去。有限的遊戲在邊界內玩，無限的遊戲玩的就是邊界。有限的遊戲具有一個確定的開始和結束，擁有特定的贏家，規則的存在就是為了保證遊戲會結束。無限的遊戲主張『為了遊戲而遊戲』，在這裡，規則要保證遊戲的無限性，所以規則是可變的，最恰當的例子也許就是『人生』。」以上是《有限與無限的遊戲：一個哲學家眼中的競技世界》這本書裡，對有限遊戲和無限遊戲的詮釋。

所以打籃球和下圍棋是有限遊戲。有明確的開始和結束，有固定的玩家，更重要的是結束之後，你一定知道自己輸或贏。如果這就是我們的人生，那每一次贏家的勝利歡呼背後，一定有輸家的唉聲嘆息。你當然可以再次努力求勝，但你也知道，遊戲高潮短暫，勝利總是伴隨著失敗的恐懼。

但把人生看作無限遊戲時就完全不一樣了。沒有開始與結束、沒有一定的玩家、沒有固定的邊界，唯一重要的是讓遊戲繼續下去，並且享受過程中的樂趣。你不會因為考試考砸、工作失利，或是創業失敗，而認為比賽就此結束、出局不能再玩了。相反的，我們知道這只是無限遊戲當中的一個小片段，你可以改變邊界、改變遊戲規則，找新的武器配備、找新的玩家來玩。總而言之，就是要玩下去，而且要玩得開心，「The show must go on」。

那為什麼我說不確定人生是不是無限遊戲呢？因為答案要看你有沒有宗教信仰。所有的宗教，都告訴我們此生只是無限旅程當中短暫的駐足，只要相信，不管是來生或天堂，都有無限的美好、美好的無限，等待著虔誠的信徒們。

但不論你是不是信徒，把有限的人生當無限的遊戲來玩，日子會有趣得多。而在大多數的情況之下，把談判當作無限遊戲來處理，也是最佳的態度。好的！

我說的是大多數，所以有例外。

用什麼態度來面對談判跟我們要喬什麼事、跟誰喬有關。

二 人生需要「喬」的四種情境

人生有很多事情要「喬」。喬的時候，不同的情境適用不同的態度。這些情境和態度，可以用下頁的圖來表示：

❶ 第一種情況：人重要性低，事重要性高【態度：爭】

在觀光區的路邊攤你看上了一個包包。你知道老闆開價就是準備給你殺的，你也知道和這個老闆這輩子不會再見面。這是一個零和賽局，進行的是對抗型談判。他的得，就是你的失，而且你並不在乎這個人對你的觀感。這時候就可以賤招盡出的「爭」了。甚至誇大、說謊，無所不用其極。

談判課程中常有學員問我，談判的時候到底可不可以說謊？撇開道德層面不談，純粹從談判策略的角度而言，在這個情境下說謊我個人認為沒問題。

不過關於談判時能不能說謊這個問題，可能比你想像的要更複雜一些。所以在這章的稍後，會再多花些篇幅來進一步討論。

❷ 第二種情況：人重要性低，事重要性也低【態度：閃】

人生苦短不值得為小事抓狂。

比方在路上開車，被人從後面碰了一下。你下車看，車沒事人也沒事，只是撞你的那傢伙明明是他的錯，嘴巴

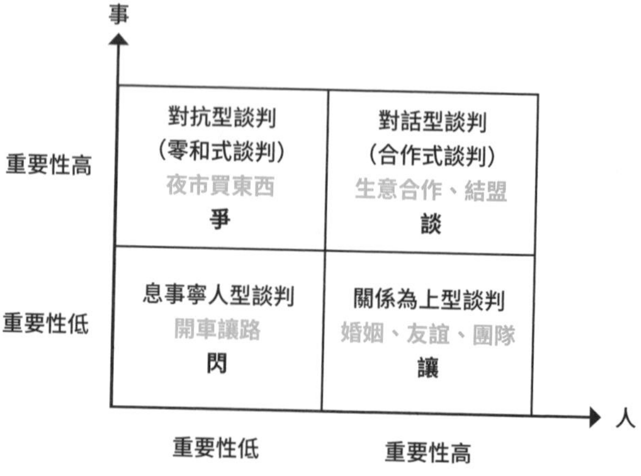

談判的情境

還不乾不淨。這時候你雖然很希望知道他的名字，然後把名字寫在死亡筆記本上，但還是就算了吧！這種爛人鳥事不值得你再多花一滴滴時間。

也就是說這種情況下，根本不需要談判，走人就對了！

❸ 第三個情境：人重要性高，事重要性低【態度：讓】

老婆今天心情很好，發Line跟你說她知道你喜歡吃麵，今天晚餐就吃麵吧！回到家才發現他準備的是牛肉麵，而不是你期待的炸醬麵。請問這時候該怎麼辦呢？

因為人很重要，事不重要（反正都是麵嘛！吞下肚子六小時之後都一樣）。這時候最應該做的就是大口吞下，用力狂讚！一切以讓老婆開心為最高指導原則。然後以後如果有機會的話，在天時地利人和的時候再稍稍表達一下，你對炸醬麵的愛高於牛肉麵。

❹ 最後一種情境：人重要性高，事重要性高【態度：談】

這時候需要的就是好好談了。有別於之前人不重要事重要的零和賽局，現在是一個合作賽局。而我們在這本書中所處理的，主要都是這種人重要、事也重要的合作式談判。在這種情境之下，談判不但不出賤招，反而是共同尋求解答的過程。

曾有學員問我，如果他學了談判，而對方也學過談判，他的功力會不會被對方化解掉呢？這個問題的答案是：

(1)如果這是一個零和式的談判，你打算用賤招，而對方看出你的賤招，那的確就會破功。

(2)但如果這是合作式談判，雙方都學過談判，對談判有正確的認知、有共同的語言，這樣反而最好。因為合作式談判的目的本來就不是壓過對方，或利用對方的弱點來佔便宜。相反的，合作式談判是一個了解彼此需求，雙方共同尋求解決方案的過程。兩個人都是有同樣語言的內行人，當然更容易談出好結果了。

三 無限遊戲和四種談判情境

那麼上述的這四種情境跟無限遊戲有什麼關係呢？

簡單來說，人重要的右邊兩種狀況是無限遊戲。人不重要的左邊，左上是有限遊戲，左下基本上根本沒戲。

圖中右邊的兩種狀況，就是所謂的「山水有相逢」。在這兩種情況之下，我們和對方的關係是長久的。這次的事結束了，之後還有很多糾纏。每一次的往來都不是獨立事件，而是環環相扣。只有在這樣長遠關係的架構下來思考「喬」的策略，才能深入且極大化彼此長期的利益。

這裡用了「利益」兩個字，如果因此讓你有很現實的感覺，那是個誤會。其實這裡的利益用英文來說，就是經濟學裡常用的「效用」（utility）。它包含所有廣義而言，人覺得有價值的事情。基本上就是前一章提過的：實利、關係，還有時效。還有，再提醒一下，和利益相對的是立場。利益是心中真正想要的，而不是嘴巴說出來的。

人不重要的左邊雖然是有限遊戲，但是如果你能玩成無限遊戲的話，卻是更好。畢竟山不轉路轉，原本以為此生不再相見的人，誰知道哪一天不會又和你有奇妙的羈絆呢？所謂「廣結善緣」就是這個意思了。行有餘力的話，還是「人情留一線，來日好相見」吧！

四 真話不全說，假話全不說

談判時能不能說謊？答案當然還是「不一定」。

有句話說「小孩子才講對錯，大人只講利害」。我不知道你是否認同這句話，但既然這本書的重點不是道德，而是如何讓讀者能談得更好，所以我就先放下對錯的問題，把重點放在什麼狀況下說謊有利，而什麼狀況下說謊有害。

直接說結論：

1. 有限賽局時可以說謊，如果你確定說謊可以得到你要的結果。也就是「事重要人不重要」時可以說謊。

2. 無限賽局時不要說謊。也就是只要「人重要」，就不要說謊。延續前面的分析，人不重要事也不重要時，根本就不需要談判，退一步無事一身輕。

人不重要事重要的時候，如果你判斷唬弄對方一下，說幾句假話可以幫助你談到更好的條件，那也無可厚非。

但人重要的時候，也就是日後還要相見的無限賽局時，就不建議說謊了。因為：

1. 圓一個謊話需要更多的謊話，然後是更多的謊話、更多的謊話。
2. 時間拉長來看，所有這些謊話都不被拆穿的機率極低。
3. 人與人的長期合作關鍵在信任，信任需要長期的積累，但卻會毀於一旦。只要一個謊言，就「可是瑞凡，回不去了」。

但是這裡馬上就出現一個很實際的問題。在商務的場合中，有些時候有些話真的不能說啊！怎麼辦？

就像本章一開始的案例，號稱 VIP 的客戶問你給的是不是全國最低價。

選項	分析
就說是，反正 A 客戶也不會知道其他客戶拿到的價格	這是說謊。而長期來說被客戶發現的機率很高。那時 B 可能永遠失去這個客戶。
說你要查查看，然後回公司再重新報一個更低的價格	如果 B 能再給一個真的全國最低價當然沒問題。但是他能嗎？難道之前不給這個低價的原因消失了嗎？還有，客戶可能會覺得 B 口是心非，嘴上說是 VIP，實際上也是要吵才有。
說你也不知道其他客戶拿到的價格，但請 A 客戶相信你對他們最好了	感覺 B 挺無能的，連基本的資訊蒐集都做不好。要客戶相信 B 對他們最好，只是空話。
說報價是主管決定的，這不是你的權責範圍	這也是說謊。如果客戶直接找 B 的主管，就穿幫了。還有，客戶會覺得那以後直接找 B 的主管就好，反正 B 也只是個傳聲筒。
說不是，但是你已經盡全力替他們爭取了	客戶覺得所謂的 VIP 根本不值錢嘛！看來你所有的客戶都是 VIP，要拿到好的條件要是 VVIP。客戶心情不美麗。

如果是的話當然沒問題，但偏偏就不是。這時難道要打自己的臉，說VIP只是講爽的嗎？先來分析案例中的5個選項：

既然1～5的五個選項都有缺陷，那究竟要怎麼辦呢？

處理這個問題要靠一個原則加上兩個條件。

1. 一個原則：真話不全說，假話全不說

不說假話，因為要維持長期信任關係。但是真話不用全說，只要說部分的內容就好。而說出來的內容一定是真的。

2. 兩個條件

要用「真話不全說」這個原則全身而退又不傷害信任，還要加上兩個條件：

(1) 給真話加上一個前提。

(2) 撐住不說。

當客戶問你給的價格是不是最低價時，你可以回答：「以我們的交易條件來說，是最低價了。」

這個交易條件就是真話的「前提」。

商場上價格本來就會隨著交易數量、付款方式、過往的交易記錄，或是售後服務、保固等條件而變動，不是一成不變的。

所以告訴客戶「以我們的交易條件來說，是最低價了」，意思就是我給你的不是「絕對」的最低價，而是「相對」於我們目前交易狀況的最低價。因為有人量比你大、有人要求的售後服務比較簡單，還有人是付現金。總而言之，我沒有虧待你，以我們目前的狀況，我已經給你最好的了。

接下來客戶可能會追問，那誰拿到最低價呢？誰誰誰和你們的交易條件又是什麼？你跟我講，說不定我可以比照辦理啊！

這時候就是要撐了，不說就是不說。你可以說：「我的職業道德不允許我揭露客戶的交易訊息。我相信您也不希望我把我們往來的情形到處去跟別人說吧？」

客戶一開始會失望，但最後會尊重你的保密原則。畢竟，這個原則有職業道德的制高點，同時也讓客戶更敢跟你開誠佈公的往來。

一心討好客戶而拋棄該有的專業堅持的業務，最後會失去客戶的信任。

五 談判的大局觀

有句話說「win the battle but lose the war」，贏得了戰役卻輸了戰爭，而這也是談判時常見的失誤。

先說明一下什麼是「戰役」和「戰爭」。諾曼第登陸是一場「戰役」，這場戰役對於第二次世界大戰這場「戰爭」來說，有關鍵性的影響。從戰爭的格局來看，有些戰役不能贏，甚至必須輸，戰役是為了最終戰爭的勝利。戰場上戰役與戰爭的差別清楚，而在談判桌上，談判者卻常只關注戰役，忘了戰爭。

舉個很小的例子。依台灣習俗，公司尾牙要供應商提供抽獎禮品是很平常的，甚至連「拗」供應商也談不上。但我工作過的一家公司的總經理，就要求尾牙不准收供應商的禮物。理由很簡單，他說你現在跟人家要的，以後一定要用某種方式還。尾牙禮品，他寧可用公司自己的經費買。

我先強調，對於要求供應商提供尾牙禮品，我個人覺得沒有不可以，只是分寸要拿捏得宜。我要表達的是，我之前的這位總經理，他就把和供應商的關係當成無限遊戲。這次的得，也許是日後的失。得失之間，要放入長遠的時間裡來看。

夫妻間也是一樣。以無限遊戲的觀點來看待夫妻關係，就可以理解為什麼智者常說家是談「愛」的地方，而不是談「對錯」的地方。因為一時間理直氣壯爭到的「對」（贏得一場漂亮的戰役），長遠來看，可能成為飛回來打殘自己的迴力鏢（輸了最終的戰爭）。從無限遊戲的視角來看，玩下去，本身就是目的，也是樂趣。至於過程中的對錯輸贏，都是其次。

看到這裡，請不要以為大叔我還有一顆粉紅泡泡心。我早就到了冷眼看人情，相信又不相信愛情的年紀了。我知道關於愛情和婚姻的美好想望，有太多只是滾滾紅塵中隱約的傳說。有些愛情本來就被雙方視作有限遊戲，或是有時候一方想當成無限遊戲，卻被另一方玩成有限遊戲。但不管這兩種狀況中的哪一種，反正接下來就是「game over」。愛情究竟該被當成無限或有限遊戲，我個人認為難有對錯，只是一種選擇。但人品的底限就是：和另一個玩家溝通清楚，彼此在玩什麼遊戲。

回到商務談判的領域。從戰爭的角度來思考策略，就是我所謂的談判的「大局觀」。在我的談判課程中，常發現學員設定的談判目標，如果用公司長遠利益的標準，常常經不起檢驗。

那麼要如何建立談判的大局觀呢？

這事不容易。我在管理顧問的生涯中，看過許多人即使已經身為公司的高階主管，都未必有大局觀。這麼說吧！這個大局觀就是一個經營者的視野和格局。需要長期的修鍊，加上一點天分。

不過你也不用難過。如果我書寫到這裡就停止，那就太不負責了。雖然不容易，但是還是有一個實務的建議：

「請舉起你的手，拍拍自己的腦袋。告訴自己，這是一顆執行長的腦袋。然後從執行長的立場來思考，在這場談判中他最在乎什麼？最想要什麼？」

這個練習一開始會比較難。但隨著你多做幾次，並在錯誤中修正（也就是猜錯了就想辦法問清楚），漸漸的你的思維會和執行長越來越像，那麼你的大局觀也就日漸成形了。

重點回顧

1. 無限遊戲就是不只看一局的輸贏，而著眼長期的得失。
2. 談判的情境依人、事的重要性高低，可分四類，對應的策略分別是：
   (1) 人重要性低，事重要性低：閃／不值得談。談判也有成本。
   (2) 人重要性低，事重要性高：爭／有限遊戲／可以說謊。
   (3) 人重要性高，事重要性低：讓／無限遊戲／不要說謊。
   (4) 人重要性高，事重要性高：談／無限遊戲／不要說謊。
3. 不能說謊又要有所保留的處理方法：
   (1) 一個原則：真話不全說，假話全不說。
   (2) 兩個條件：
      (A) 給真話加上一個前提。
      (B) 撐住不說。
4. 建立談判大局觀的方法：想像自己有一顆執行長的腦袋，練習用執行長的角度思考，並修正差距。

5 談判發生的條件

——你想談人家卻不跟你談時怎麼辦？

案例

志明在一家公司工作兩年了。

他喜歡這份工作，覺得很能發揮所長。公司前景看好，他表現也很優異，得到老闆和客戶的肯定。沒有意外的話，他想在這公司繼續打拼，跟公司一起成長。

但意外發生了。

他原本以為以他的表現，在工作的第三年應該可以得到很高的調薪。

但實際上的幅度雖然還可以，卻遠低於他的預期。

他該怎麼辦呢？

動動腦

1. 他應該跟老闆談這件事嗎？會不會談了之後讓老闆認為他很愛計較？
2. 如果要談，該如何談？
3. 如果要談，談之前他該做哪些準備？

一 你想談人家卻不跟你談時怎麼辦？

我們一路以來已經談了不少談判的重要觀念。但也許你心中還有一個問題，一個嚴重的問題，就是當你想跟對方談，卻被對方無視時，該怎麼辦？比方說，如果你覺得自己的薪資太低，受委屈了，想跟老闆談加薪的事情，你覺得老闆會跟你談嗎？也就是這個談判會發生嗎？

答案當然還是不一定。但重點是什麼情況下會發生？什麼情況下又不會發生？這就牽涉到我們這一章要談的主題：

1. 談判發生的條件。
2. 如果你想要談，對方卻不跟你談，該怎麼辦？

二 談判發生的要件

一場談判之所以會發生，有三個要件：

1. 雙方認知有一個僵局存在。
2. 雙方也都認知僵局需要彼此合作才能解決。
3. 雙方有管道可以談。

先說什麼叫僵局。

也許大家小時候都讀過黑羊和白羊都要過獨木橋，以至於在橋上僵持不下的故事。這就是一個典型的僵局。

在一個僵局裡，雙方對現在的處境都覺得不舒服，但是一時之間卻都還沒有辦法解決這個狀況，所以兩邊就只好暫時停頓在那個狀況裡。

衝突就代表彼此需要。如果這個僵局單方面就可以解決，就不會有談判。比方說現在橋上不是白羊和黑羊，而是白羊和黑牛。白羊堵在橋上，雖然讓黑牛一時懵了，暫時停下來，但是黑牛回神之後，想一想不過是小小一隻羊而以，不禁笑了。於是加足牛力，往前一衝，把白羊撞飛。問題解決！

這個僵局不需要雙方合作才能解決，所以黑牛不會跟白羊談判。

最後一個要件是，有機會坐下來談，而且雙方願意談。

很多電影裡都有歹徒挾持人質的劇情。遇上這種狀況，警方通常會派出一位訓練有素的談判專家。而談判專家一上場，第一個動作一定是建立和歹徒之間的溝通管道，比方問被挾持人質的手機，或是用什麼方式給歹徒一個直接可以找到談判專家的專線。總而言之，如果兩方講不上話，就什麼都不用談了。這是所謂的雙方有機會談。

然後接下來談判專家會安撫歹徒，並且承諾不管歹徒有什麼問題，一定都有方法可以解決。這是讓雙方願意談。

三 讓人家跟你談的方法

所以如果你想談對方卻不談，也就是你想讓這個談判發生卻沒有發生，那就表示以上三個條件中，至少缺其中一個，甚至可能三個都缺。接下來我們就用跟老闆談加薪這件事情來一一檢視，如何讓老闆願意跟你談。

❶ 讓雙方認知有一個僵局

關於薪資這件事情，有很多人是寶寶心裡苦，但寶寶不說。那既然你都不說了，老闆又怎麼會覺得有任何事情不對勁，需要改變呢？所以要處理這問題，第一個步驟就是要創造一個僵局。簡單來說，就是你至少一定要提出來說：老闆我想加薪。但我想全世界都一樣，聽到這個要求之後大概沒有老闆會欣然的立刻說：「好！沒問題！」。他通常會頓在那裡，一時之間也懵了。

但是這樣僵局就成立了嗎？並沒有。

要讓一個僵局成立，關鍵就是你要讓談判的對方意識到問題的存在。所謂的問題就是：應該和實際有了落差，而且這個落差對方必須要重視。「應當」、「實際」、「落差」，就是有效說明問題的三要素。

比方說多年前我曾經遇到一個部屬跟我要求加薪，那時候他到公司才剛過三個月的試用期不久。我問他為什麼這個時候會提出調薪的要求呢？他的回答是：「我錢不夠用。」當下我震撼得沉默了幾秒鐘，說不出話來。然後我弱弱的回說：「可是我錢也不夠用，那又怎麼辦呢？」當下他覺得委屈，我也覺得他超白目。不久之後，他就自己辭職了。前不久和老同事聊到他，一時興起還去 Google 一下他（因為他姓氏和名字都很特別，所以一 Google 就中），發現人家竟然也混得還不錯！所以誰沒有過去啊！那次白目演出也許只是一時失常，也或許人家這些年早就洗心革面，重新做人了。

所以如果你要跟老闆談加薪，首先你必須為自己的合理薪資找到一個比較的根據（應當），然後具體描述你目前的薪資（實際），並且說明這兩者的落差，會對對方造成什麼影響。

但要特別提醒的是，想要好好說明問題的這三要素（應當、實際、落差），必須要事先做足功課。具體來說，可以從以下方向來思考：

①應當

・你的產值：

「老闆，我去年替公司拿下了三個大客戶，讓營收增加了二十％。請問在這個前提之下，有機會和您聊聊我加薪的事情嗎？」

・業界的行情：

「老闆你知道嗎？人家ＸＸＸ公司和我們賣一樣的設備，甚至幾個大客戶也一樣，五年資歷的技術服務工程師，一個月都領ＸＸＸ元了。」

．政府的法規：

「老闆啊！我大膽的問一下，按照ＸＸＸ法的規定，我這樣的加班時數，加班費是不是應該至少要ＸＸＸ元以上才對啊？」

．某個有說服力的參考對象：

「請問老闆，你應該認識ＸＸＸ公司的ＸＸＸ某吧？我聽現在人家一個月都拿ＸＸＸ元了耶！」

②實際：薪資不能只看金錢，還有其他的福利及無形的益處

有公司是你要他的錢，他要你的命；也有公司是眼下辛苦，但日後發展的機會大。所以嚴格來說，每個人在公司都領兩份薪資，一份是有形的，像工資、津貼，或其他的有形福利；一份是無形的，像人際關係、工作前景、學習機會。所以在計算薪資時，兩份都應該計入考慮。

我知道你也許會說，有太多沒良心的老闆，就是用這類無形薪水的觀念來唬爛員工，讓他們無止盡的付出血汗。放心，我不是要替這些老闆說話，更不是說他們不會拿這樣的觀念來欺負人，特別是年輕人。我真正要說的是，請好好想想星爺的經典電影《九品芝麻官》中，包不同告誡包龍星的：「你要做清官，你就要比貪官更加奸！」同理可證，要對付無良老闆，你就要比無良老闆算得更清楚。算清楚你真正的薪資是什麼，有形有哪些？無形又有哪些？否則，一去又被人家兩三句呼悠回去，真的太弱了。

③落差：是落差對對方造成的影響，而不是對你自己的影響

請仔細想想當年我那位部屬所說的「我錢不夠用」，為什麼會是一個超爛的加薪理由？

這段敘述其實有「應當」（錢應該要夠用），也有「實際」（實際上錢不夠用）。雖然這組應當和實際有夠白目，但更關鍵的爆點是：你錢不夠用跟我有什麼關係？

人最在乎的永遠是自己。你要讓別人重視自己所提出的問題，前提就是這個問題會為對方帶來困擾，甚至痛苦。如果不是的話，那就只是你的問題，不

是他的問題。而媽媽從小告訴我們，自己的問題自己解決。

所以當我們用應當和實際提出一個問題之後，成敗的關鍵是這個「落差」所帶來的影響必須是對方在乎的。否則除非對方是你爹娘，不然你的問題真的只是你的問題。

比方也許你可以這樣說：老闆，這樣的條件落差最近一直苦惱著我，多少也妨礙了我的工作效率。我想這事一直不處理的話，對公司也不好，所以只好大著膽子來跟你討論了。

這樣子，這個落差就不只是你的問題，而是對公司的營運也會有影響。如此一來，老闆大概就不能坐視不管了。

❷ 讓對方認為僵局需要雙方合作才能解決

如果對方也認知這是一個問題了，那我們就可以往下走，也就是讓對方認為僵局需要雙方合作才能解決。但在加薪的這個案例裡，這個僵局是不是要雙方共同合作才能解決，就比較現實了。

如果你是公司的當紅炸子雞，手上負責的專案關係著公司三成以上的營收，那麼老闆少了你還真的不行，至少在短期間之內不行。那麼這個問題他就非要跟你好好一起解決不可了。

但如果老闆已經看你不爽很久，當你提出加薪要求的時候，他可能跟你說我也知道你一直覺得委屈，那就不要再委屈了。哪裡廟大，你這菩薩就哪裡去吧！後續就交給人資依規定辦理。

談判不會發生。

但是你也不用太悲觀。「讓對方認為僵局需要雙方合作才能解決」這句話裡有一個關鍵字，叫作「認為」。換句話說，是不是要跟你一起合作才能解決，重點不在於事實，而在於他的認知。

再回到白羊和黑牛過橋的例子。認真的說，黑牛只要心一狠，撞開白羊就沒事嗎？其實也不盡然。白羊雖小，也沒小到讓你船過水無痕。黑牛撞飛白羊的同時，應該自己多少也要受點傷吧？運氣真不好被羊角插到，更是傷人一萬，自損八千。所以這時白羊可以提醒黑牛這點。「也不過就是過個橋，有必要玩命嗎？我們還是談談吧！」

你即使在公司不太紅，但應該也不至於一無可取吧？公司凡是換人都有以下成本：

(1)舊人資遣成本。

(2)新人招募成本。

(3)新人培訓成本。

(4)職位空缺期沒人照顧業務可能產生的機會成本。

(5)新人上任初期不上手，因此犯下疏失所導致的成本。

(6)還有，讓老闆覺得自己很冷血無情的心理成本。

如果你自己先仔細盤算過以上的成本，並有技巧的提醒老闆，說不定老闆想了想，覺得還是跟你好好談談比較省事省錢。

這裡也再複習一下前面章節說過的：談判處理的都是值不值得的事情，而不是能不能夠的事情。

❸ 讓雙方有管道可以談

如果上面兩個條件都成立了你便認為老闆就會跟你談加薪，那就太低估慣老闆的功力了。

老闆這個時候通常還有兩招可以用，一是閃，二是拖。

前面說了一堆如何做足準備讓對方跟我們談。但如果對方就是不和我們溝通呢？讓我們再次切換到歹徒挾持人質的情境。此時人質被挾持了，但歹徒就只是把人關在房裡，不要求任何條件，甚至連溝通的管道都沒給，那怎麼辦呢？

我也不知道怎麼辦，至少電影裡我還沒看過這樣的情節。但是如果你要處理的是閃你、拖你的老闆，我倒是有一些建議。

(1) 建立溝通管道：

老闆不是歹徒，不會要你的命。他不找你你就去找他。公司裡溝通管道很多的。發電子郵件發line發簡訊，留紙條，FB或IG（如果你們是朋友的話）。再不行，就在辦公室裡堵他；再不行，找人傳話。

(2) 讓他相信不閃、不拖對他比較好：

回到人性的原點，人最在乎的終究還是他自己。老闆會閃、會拖，只有一個原因：他「認為」閃或拖，對他比較好。所以建立溝通管道之後，我們要送出的關鍵訊息就是：再閃再拖，對你更不好。

也許你可以這樣說：「親愛的老闆，因為一直沒機會和您好好講到話，所以發這個訊息給您。我知道我提出調整薪資的事情一定讓您為難了，但這件事情對我工作的困擾越來越大，所以我希望能儘早解決，也減少對團隊績效的影響。我想說的是，我喜歡這個公司，也喜歡您所帶領的這個團隊。我所提出的問題，只要您給我機會說明清楚，相信一定能找到兩全其美的解決方案。我真的很需要您給我三十分鐘。謝謝您！」

這樣做我不知道你的老闆會如何反應，因為每個人的個性都不同。但一般情況下，打開談判之門的門縫的機會應該不小。

四 走出舒適圈，勇敢去談

即使你看到這裡了，我相信有很大機率，你對於和老闆談加薪的恐懼，可能還是大過於玩高空彈跳。我能做的就只有把之前談過的觀念，再做一次整理提醒了。

1. 萬事皆可談，但冤情不能談。
2. 該談卻沒談的狀況比我們想像的多得多，只因為我們已經被馴養成去接受寫好的劇本。
3. 談判不求談到「最好」。談判的重點是不管發生什麼，只問能不能做什麼事，讓結果比現況「更好」。
4. 談判不必然是刀來劍去的武場，而只是喬事情的一種方法。說話要說重點，而不是說重一點。重話可以輕輕的說、暖暖的說、有技巧的說。至於怎麼輕輕暖暖有技巧的說，這在後面談到PARTS中的T時，會有進一步的說明。

5. 最後的建議：請走出你的舒適圈，勇敢去談，你會發現人生多了許多的選項。而你的老闆，不管他是不是無良，也只是你的選項之一。

五 給志明的建議

所以回到開頭志明的案例，他可以怎麼做呢？以下是我的建議：

❶ 打開心胸虛心接受別人的回饋

說不定所謂的「表現很優異，得到老闆和客戶的肯定」只是他自我感覺良好。心理學上有所謂的「烏比岡湖效應」（Lake Wobegon effect）★，說的就是一般人傾向於高估自己的能力或特質。

我曾在工作上不得不開除一位同仁。他常說的口頭禪是「我知道你的意思」，然後就打斷別人說話。而事實上他理解別人的能力極糟，這也是我最後不得不要他走的原因。但直到他離開為止，我相信他都沒有察覺到自己的盲點。

❷ 想清楚到底要什麼

如果志明不是自我感覺良好，而是真的表現良好，那便要再想清楚在這個工作中，他真正要的是什麼？也就是先想好談判的目的。

調薪不如預期，但也不是沒調。想清楚調薪不到位對自己真正的影響是什麼？是這樣日子就過不下去？還是覺得不被重視，前途不光明了？

若跟老闆談，談到什麼會很滿意？談到什麼可以接受？談到什麼就走人？

❸ 大局觀的思考

思考談判目的時拉長時間軸，也就是要有大局觀。Don't win the battle but

★烏比岡湖效應：「烏比岡湖」一詞源自於美國作家及廣播節目主持人蓋瑞森・凱羅爾（Garrison Keillor）虛構的小鎮。在那小鎮裡「所有女子都很強、所有男子都帥、所有孩子都比普通小孩優秀。」而實際上那小鎮的人們和其他人都差不多。意思是「人們傾向認為自己的各項特質或能力都高於平均的現象」，又稱為「優越感偏誤」（better-average-effect）。例如人總覺得自己的能力比一般同事強、比一般人聰明、開車技術比一般人好、外貌更勝於一般人。而事實上，自己的特質或能力只是和一般人相近。

lose the war。如果公司前景看好，那麼用三到五年的角度來思考，又會是怎麼樣的畫面呢？Facebook營運長桑德伯格（Sheryl Sandberg）當年到Google應徵時，曾做了一張試算表，逐項評估工作是否符合她所列的條件。但當時Google的執行長施密特（Eric Schmidt）給了她一句話：「如果有人給你一個火箭上的座位，別問位子在哪裡，上火箭就對了。」

4 蒐集業界人力市場資訊

「真正會害死你的不是你不知道什麼，而是你不知道你不知道什麼」。說到底，人才在人力市場也是一種商品，薪資是他的價格，價格則由供需決定。我們在後面關於PARTS的A，即談判籌碼的篇幅中會談到，決定薪資的其實不是人才的絕對貢獻，而是相對的可取代性。

至於如何蒐集這方面的資訊呢？除了上網、多和業界朋友聊天之外，獵頭公司也是一個好用的資源。

❺ 做一個當下認為勝算最大的決定

人生沒有後悔藥。不論最後志明怎麼做，人生都無法重來，因此也就無從驗證對錯。我們只能在每個轉折點做出當下最好的選擇，然後接受選擇的結果。

❻ 最後、但不是最不重要的

最後要說的是，本書給的工具「談判計畫表」真的很好用啦！志明，還有所有讀者們，如果好好用它，一定不僅雪中送炭，還能錦上添花，會談得更好的！

重點回顧

1. 要談好談判需要一個前提：人家願意跟你談。
2. 談判發生的要件：
   (1) 雙方認知有一個僵局存在。
   (2) 雙方也都認知僵局需要彼此合作才能解決。
   (3) 雙方有管道可以談。
3. 僵局成立的條件是讓對方意識到問題的存在，而問題就是：
   (1) 「應該」和「實際」有了落差。
   (2) 這個落差對方必須重視。
4. 勇敢去談，人生永遠有選擇。

談判參與者與籌碼篇

6 進對門還要找對人

公義與私利

案例

Kevin 是家科技公司的業務經理，他搭飛機去G市和A客戶談一個大案子。

Kevin 在星期三晚上住進G市的酒店，星期四早上開始跟A公司的一位B副總和他的團隊談這筆生意。談得有點辛苦，但還算有進展。到了星期五上午，談得差不多了。Kevin 心想再等合約簽了字，應該就可以大功告成回家了吧！他訂的飛機是星期五下午。

沒想到快到中午的時候，A公司的這位副總忽然說他們C總經理也很關心這個案子，也想跟他談談。Kevin 有些意外，但是當然不能拒絕。不一會兒，他們的C總經理就晃悠晃悠的出來了。

C總經理和 Kevin 天南地北扯了幾句之後，切進主題。

C總經理說：「Kevin 啊！謝謝您大老遠的來跟我們談生意啊！真是感謝。我聽說談得差不多了是吧？但是我想多問一句，我都來了，那我這張臉總還值一點錢吧？」

Kevin 說：「總經理啊！您這什麼意思呢？」

C總經理接著說：「哎呀！您明白人就別裝糊塗了。您知道我的意思的。」

就這樣子，原本來已經砍到見肉的單，又被那個總經理多砍一刀，這下都見骨了。

動動腦

1. Kevin 在這個談判過程中，有犯了什麼錯誤嗎？
2. 有的話，是什麼錯誤？
3. 如果能重來一次，你會給 Kevin 什麼建議？

這一章之前的內容，談的是談判的基本觀念及目的。從這一章開始進入影響談判結果的五大變數 PARTS，也就是：

1. 參與談判的人（Player）。
2. 所擁有的談判籌碼（Added value）。
3. 所依循的談判規則（Rule）。
4. 談判的戰術（Tactic）。

5. 談判所涉及的議題（Subject）。

一　進對門還要找對人

首先要談的是參與談判的人，player。解析 player 有不同切入的角度，這章要切入的第一個角度，是「組織」和「個人」的利益衝突。

先說兩個我親身經歷的故事。

多年前，有一次我去B市拜訪一個客戶。這個客戶在更早的幾年前曾經跟我們公司有過接觸，但是最後並沒有具體的業務合作。而這次拜訪我和對口的人談得很愉快，感覺應該可以有具體的業務了。臨走前我說：「哎呀！我們早該有密切的合作了。怎麼這些年都耽誤了呢？」。對方回了我一句我到現在都還常常引用的話，他說：「林總啊！你們是進對門但是找錯人啊！」

第二個故事是我在另外一家公司的時候。有一次，我的公司要賣一個大的電腦系統給一個銀行客戶，過程中有一回我和我的另外一個兄弟一起去拜訪銀行資訊部門的經理。在聊到我們公司電腦系統的效益的時候，我這位同事說：「我們這個系統最大的效益就是可以精簡人力。」然後我就看到這位資訊部門經理露出尷尬但不失禮貌的微笑。

這兩個故事分別帶出談判時跟人有關的兩個重要概念。

二 有人就有江湖

在多數的語境裡面，「辦公室政治」都是負面的意思。一般似乎認為公司就該是大家認真把事情做好的地方，談政治就醜陋了，就黑暗了。

但從另外一個角度來看，政治就是權力分配的規則，一個團隊如果沒有這樣的規則根本無法運作。一群人各行其是，誰也不聽誰，是沒有辦法完成任何事情的。所以有人就有江湖，有江湖就有誰是武林盟主、誰說了算的問題。

在我的商務談判課程當中，如果問學員你們這一次是跟誰談判，十位裡有九位會回答某某公司。這個答案並沒有錯，但是這只能是答案的開始，不能是答案的結束。

嚴格來說公司不會跟我們談判，會跟我們談判的是公司裡面的人。而有人就有愛恨情愁，就有政治，就有權力結構。或者講的更精準一點，公司是法人，而法人雖然有法律的身分，卻沒有決策的能力。法人的決策由法人裡面的那群自然人，透過各式各樣的規則和角力而形成。

什麼叫做進對門，卻找錯人呢？就是從法人的角度來說我們找到了一個對的客戶，這個法人所擁有的資源、業務方向，都符合我公司當時的需要。但找錯人說的是，我們在這個法人內部的那群自然人當中，卻沒有找到跟我們合作的適當人選，也就是沒找到對的人來談。

所謂適當的人選，包含兩個條件：

1. 有能力：

就是他能夠讓這件事情發生。他即使沒有最終的決策權，也至少有相當的影響力。

2. 有意願：

他願意促成這個生意。至於原因，當然是這個生意對他有好處。

接下來我們要先談另外一個故事，然後再回到「意願」和「能力」這兩件事情上。

三 公義和私利：對組織有利的事情不見得對自己有利，反之亦然

請問那位資訊部門的主管聽到我同事提出的產品效益之後，為什麼露出尷尬而不失禮貌的微笑呢？相信聰明的你早已經看出問題所在了。

1. 從公司的立場來說，精簡人力就是降低成本，就是提高利潤。在所有的企業裡面，能夠提高利潤的事情都絕對是政治正確的硬道理。
2. 但是作為一個部門主管，精簡人力代表他管轄的人員數會減少，也就代表著權力可能會變小。更進一步說，精簡到最後，說不定連他自己的位子都有危險。所以從他自己的立場來說，這樣的效益稱不上效益，反而

可能是傷害。

但如果我那兄弟報告的對象是公司執行長呢？這個效益就非常給力了。利潤的提升，是所有執行長最在乎、說不定有時候是唯一在乎的事。即便因此發生裁員也不會裁到執行長，所以於公於私執行長都會很欣賞這個訴求。

人在組織裡，通常不會只管組織的利益，不顧自己的。這樣的人是烈士、是聖人，如果讓你見到了是你運氣好。我自己還真沒遇過。

但是人在組織裡，也不會只管自己，不管組織。除了多數人畢竟還是多少有點義氣之外，更關鍵的是，如果他真的這樣做的話，很快就要回家吃自己。

所以絕大多數的人會做的是：在公和私中取得平衡，而且是動態的平衡。也就是那個平衡點是隨情境、任務，甚至心情在變動的。

四 談判的作戰地圖

像這樣資訊部主管和執行長角度和利益的不同，就引出我們接下來要談的重點：組織圖和談判角色。

先聲明一下，如果你要進行的是比較單純的談判，以下內容基本上用不上。但越是大型、複雜的談判，尤其是B2B的談判，以下的觀念就格外重要。

什麼是單純的談判？有三個條件：

1. 牽涉的人少：常見的狀況是只有你自己和對方兩個人。
2. 涉及的利益小：利益的大小其實是很主觀的。但如果這件事沒談到你要的你也不太在乎，這利益就小。
3. 決策流程簡單：常見的是參與談判的你們兩個人說了就算。

那什麼是大型、複雜的談判呢？當然就是和上述的三個條件相反的狀況。所有的工具只有合不合不用，沒有好不好。這次介紹的工具，當然也不例外。請自行選擇適當的情境來使用。

好，回到主題，組織圖和談判角色。

先講結論：加上談判角色的談判對手組織圖，就是談判的作戰地圖，也是作戰勝利的必要條件（當然不是充份條件）。

作戰如果沒有地圖，就是蒙著眼睛打（或者說被打），這樣的確很慘。但這不是最慘的。最慘的是，你以為你已經有地圖了，但卻是一張不完整、或是錯的地圖。

如果你知道自己沒有地圖，就會戒慎恐懼，不輕舉妄動。但是如果有了地圖，就會開始展開行動，但偏偏地圖又是不完整、甚至錯的，那行動就成了蠢動（愚蠢的行動），結果就是怎麼死的都不知道。

所以我要講的究竟是什麼呢？我要講的是有組織圖還不夠。組織圖要配上權力結構的觀點，才是一張真正有用的作戰地圖。組織圖呈現的是公司裡面正式的權力面貌。包含了這個部門負責哪些工作，誰管得了誰，誰又管不了誰。

但是這只是表象，談判的時候我們需要的不只是這些。談判的時候對手組織圖中的每一個人，除了寫在工作說明書上的官方內容之外，都還有另一個、甚至兩個以上的角色。也只有用這樣的眼光來看待談判對手的組織，才能深入掌握 player 這個變數。

五 談判對手的四種角色

談判對手組織（法人）裡的人（自然人），大致有四種角色：決策者、盟友、反對者、把關者。分別說明如下：

❶ 決策者：做最後決定的人

這個人如果一直都沒出現在你的雷達螢幕上，一旦出現時，就一定轟炸個你措手不及。

現在讓我們回到本章一開始 Kevin 的案例吧！

Kevin 在計畫談判策略時，當然有盤算過他的底線以及要如何讓步。但是他在談判的時候，把所有條件在對B副總時都梭哈了，也就是他把籌碼全部壓上了。而他沒料到的是後面還有一個大魔王C總經理，為了打發這個大魔王，Kevin 只好忍痛砍到見骨。

你說Kevin也可以不給C總經理面子，就是不再降價啊！的確可以。但是這樣的話：

(1)這個單能不能談就還是個大問題。

(2)即使談成，對C總經理來說這個冤仇結得就大了。你讓他在B副總面前難看，他以後有機會不玩死你才怪。

還記得嗎？商務談判我們要的三個東西：實利、關係、時效。以這個案子來說，關係還是很重要的。

所以關於player這個變數，最基本的就是一定要知道對方的決策者是誰，否則就會遇到跟Kevin一樣的悲劇。

❷ 盟友：希望你達到你的目的的人

盟友為什麼希望你達到目的？表面的理由千千萬萬，核心的理由只有一個：幫你對他有好處。

這個好處有可能是在檯面上，也可能是在檯面下；可能是物質，但也可能真的是精神層面。

對於盟友，我們該做的是強化共同利益，進而擴大共同利益。比方說，一開始盟友之所願意給你一些公司內部的訊息，只是因為你們有一個共同認識的朋友。但以此為起點，我們應該讓盟友為我們所做的，都能幫助他自己在公私平衡的前提下，獲得更多利益。

而以上這一切的努力，最終是希望讓決策者成為我們的盟友。

❸ 反對者：不希望你達到目的的人

請千萬記住，反對者不是敵人。談判時真正的敵人只有一個，就是那個卡在我們雙方中間，讓我們都不舒服的爭執點。把反對者當成敵人，會壞了大事。這個觀點極為重要，稍後在 Tactic 這個變數中，會再詳細說明。

依循盟友的邏輯，反對者之所以反對，也只有一個真正的理由，就是：他認為反對你對他比較有利。這裡的關鍵字是「認為」，而認為是可以改變的。

即使是前面我那兩光兄弟說要幫資訊部門經理「精簡」人力的失敗例子，

也未嘗沒有轉機。因為精簡人力還有很多可能的轉折，比方：

(1)某單位因為效率提昇，所需的人力減少，但其他單位還有人力需求。最後的結果是公司整體效能大躍進，但沒人丟工作。

(2)部門主管其實本來就想趁機淘汰部門中一些不適任的人員，這個機會來得正好。他之所以笑得尷尬，只是沒想到心思竟然會被人猜中。

將反對者轉成盟友，或至少轉成中立，或至少減少殺傷力，悠關談判的成敗。而這一切，都得從辨識出組織中有誰是這個角色開始。

❹ 把關者：以客觀（至少被期望是客觀）標準為根據，影響談判進展的人

這樣的人，典型的有律師、財務會計人員，或是技術人員。就像所有的組織中人一樣，他們最終還是要維護他那一方的公義和自己的私利，並取得平衡。但最大差別在於，這類型的人他尊重專業的見解，也在乎他自己在專業領域的名聲。所以要影響他們，通常要順著他們專業的邏輯。

以對方的組織圖為基礎，加上其中每個人的談判角色，再搭配公義和私利

平衡的觀點，這樣就能有效掌握到對手組織的行為。

六 進對門怎樣才能找對人？

最後再回到我在B市的那個客戶。相談甚歡之後，我接下來該做什麼呢？首先，我得先了解對方的組織圖。當然很多公司都很大，不可能也不必要畫出所有的人，但至少要畫出所有可能和這個談判有關的人。

接下來，要分析在這個畫出來的組織圖中，每個人的談判角色。包含誰是決策者？誰是盟友？有沒有反對者？有沒有把關者？這些資訊都不會一步到位。但在談判的過程中，藉由觀察、傾聽和有效的提問，逐步構建出對方完整的組織樣貌，是比討價還價更重要的事情。找出這個談判中對方真正有決策權的人之後，接下來要做的，就是讓他加入談判。

最後，從公與私的觀點，分析這位決策者的需求，進而發展強化和他同盟關係的策略。

故事接近尾聲了。然而這個故事有一個反高潮的結尾。

後來我發現那位對我熱情以待的客戶，其實既不是決策者，也不是盟友。他只是個中央空調，習慣性的對所有人送暖，這種人人好的人，也許我們身邊都有。最後我的公司決定不再投入資源在這客戶身上，我從此再沒進過那道門，而當時也的確沒有找對人。

不是所有故事，都有美好結局，不是嗎？

重點回顧

1. 有人就有政治，政治是分配資源的機制。
2. 對組織有利的事情不見得對自己有利，反之亦然。而組織中的人，必須在個人的私利和組織的公義中取得平衡。
3. 進對門，還要找對人。所謂對的人是指這個人：
   (1) 有能力幫你。
   (2) 有意願幫你。
4. 對組織的談判，談判對手有四種角色。
   (1) 決策者：做最後決定的人。
   (2) 盟友：希望你達到你的目的的人。
   (3) 反對者：不希望你達到目的的人。
   (4) 把關者：以客觀的標準為根據，影響談判進展的人。

7 談判和棒球

局數和球員

案例

Eric 的公司正和另一公司商談一項可能合作的專案，總經理授權 Eric 安排這次談判的議程。

參與專案談判的兩方公司，都將有高階與較低階的人員參與談判。

動動腦

1. 請問是先由高階人員談，再交給階級比較低的人員接著談比較好？還是較低階的人員先接觸，然後再由高階的人員出面比較好呢？
2. 如果先高再低比較好，為什麼？如果先低再高比較好，又是為什麼？

一 談判和棒球

談判和棒球一樣，都有局數和球員。

談判和棒球不一樣，因為局數和球員不一樣。

打棒球的雙方基本上都認為要打九局，如果提前結束，或者是延長，那是意外。談判雙方各自認為要打的局數，可能差很多。而最後到底打了幾局，也常跟他們的原本預期差更多。

打棒球參賽的就只有兩支球隊的球員。談判的時候有時候除了雙方之外，還有第三方，也許還有第四方。甚至有些時候這些第三方第四方人根本不在現場，但是一樣影響談判的結果。

這一章繼續談影響談判的五大變數中的「player」，也就是參與談判的人。

二 局數

計畫談判的時候，要先有一個基本框架，就是這場談判預計打幾局。所謂的打幾局，具體來說就是我們跟對方有幾輪的對話。每一次的對話參加的人可能都不一樣，但這幾局打完之後，我們想藉由談判來解決的爭紛，理論上就應該解決了。但是因為有些談判涉及雙方的長遠關係，所以在決定談判策略的時候還不能只以這幾局的維度來思考，而要放在更長遠、更廣大的架構中。

談判要打幾局為什麼重要，跟以下兩點有關。

❶ 籌碼的配置

棒球場上教練原本認為只要打九局，所以到第九局時已經精銳投手盡出。

沒想到一打打到十二局，那這樣哪一隊的牛棚深度夠，哪一隊的贏面就大。

談判也是一樣，你原本以為要結束了，也砸下所有的籌碼。沒想到比賽還沒結束，然後你也沒有子彈了，只能挨打。

還記得前上一篇 Kevin 的「慘案」吧？Kevin 原本以為和對方的副總就可以談完，然後回家，沒想到最後卻殺出他們的總經理，硬生生的又砍了一刀。Kevin 在見到這個總經理之前，因為以為是最終局了，所以放出全部籌碼，亮出底牌。最後為了顧全關係，所以只好忍痛又加碼放送。而這多出來的讓步就是預期之外、可能不必要的損失。

❷ 時間的掌控

我們之前說過，「時效」也是談判想要的目的之一。如果你有時間壓力，那麼打幾局、由誰先發，就有關鍵的影響。

回到本章一開始的案例。請問是先由高階人員談，再交給階級比較低的人員接著談較好？還是較低階的人員先接觸，然後再由高階的人員出面較好呢？

答案當然是不一定。但重點在於，這兩種談法各有什麼利弊？

(1) 低階人員先談，好處是隨時可以破局。談判進行中，兩方都可以職權不夠為理由，或是上層另有考量等原因結束談判。也因此，談判可能沒有結果，但談出不利結果的可能性比較小。

(2) 如果是高階的人員先談，那麼基本框架就已經定了。低階人員接手去談的時候，基本上沒有破局的選項，而且因為大方向已定，很容易就談出結果。但也因為沒有破局的選項，有時候會出現頭洗了，只好硬撐下去的困境。

所以如果「時效」是你在乎的談判目的，那應該高階先談，而且在這情況之下，局數不應該、也不會太多。

三 球員

局數的安排會連結到球員的調度，所以談判和 player 有關的第二件事情，就是參與談判人員的安排。商務談判中與談的兩個組織，參與的人除了通常會有位階高低之分以外，同時也會有不同功能別的人參與。這些人誰先上場，誰後上場，上場的時候怎麼打，都要費心考量。我們沒有辦法給出一個標準的套路，但是能給大家一些規劃時的參考準則。

❶ 團隊談判的角色分工

非洲有句諺語說：「It takes a village to raise a child.」（以全村之力才能夠照養好一個孩子）。同樣的，一場談判要談好，特別是商業上的談判，通常需要靠團隊而不是一個人單打獨鬥。

談判團隊基本上有四種角色：主談者、黑臉、白臉、把關者。

① 主談者

負責擬定整個談判的目的、策略以及團隊成員的組織分工還有協同運作。

要特別強調的是，主談者不見得戲份最多，甚至可能話最少，但是他卻是談判這場大戲的編劇兼導演。

所謂的編劇是他訂出基本的談判主軸，所謂的導演是他要視情況彈性調整劇情跟調度資源。

最後，他也為談判負成敗之責。

②白臉和黑臉

這兩個角色放在一起談，是因為這兩個角色常常搭檔演出。

許多警匪片裡面都會出現類似以下的情節。

有個嫌犯被送到警察局裡面審訊。嫌犯吊兒郎當，審訊他的警察，看起來也不像好東西。一臉橫肉，像是有警察證的黑道。審訊的時候嫌犯態度惡劣，該說的不說，或是亂說。這時候偵訊他的警察翻臉了，對嫌犯大吼大叫，甚至掏出槍威脅嫌犯。

就在嫌疑犯想說完了，這次要倒大楣的時候，偵訊室的門打開，進來另外一個警察。他拉住這一位爆衝的警察，把他推到門外面。然後關起門來，好聲好氣的對嫌犯說，我這兄弟就是這付德行啦！他發起脾氣來的時候是不管什麼規定什麼法律的。但是我跟他不一樣，如果你願意跟我好好合作，法律上該有的權益我都會保障你，甚至在適當的範圍，我還可以放一點水。如果你不想被我兄弟摧殘，那你就跟我好好合作吧！

這時候嫌疑犯通常態度會軟化，開始願意吐露實情了，因為他很怕又落到那個凶神惡煞壞警察的手上。

這是典型「好警察壞警察」的手法。好警察就是白臉，壞警察就是黑臉。黑臉的功能就是為對方帶來負面、不舒服的感覺。白臉的功能，是創造談判對手愉快的情緒。

為什麼要給對方不舒服的感覺呢？原因有幾個：

- 在情緒壓力下，特別是感到恐懼害怕時，容易屈服或是做出錯誤的決定。
- 負面情緒讓對方不敢繼續探尋我們的底線，有助於保護我們的利益。

但是如果從頭到尾只給對方負面情緒，對方可能根本就不跟你談了。所以這時候又要有人出來當好人，爭取對方的信任跟好感，談判也才能繼續下去。

此時就需要白臉。

還有一個常見的策略，是黑臉先用破局的方式探出對方的底線，接著再出動白臉重啟談判。這種狀況下黑臉會先無所不用其極，一直壓低對方的條件，即使對方因此翻臉不談了也無所謂。這個「翻臉」的條件，通常就是對方的底線。

然後白臉就去賣笑了。白臉把黑臉數落一頓，說他其實是好人（同團隊的戰友總不能說得太糟糕對吧？），但情緒控管不好，脾氣暴躁又衝動。我們不要理他吧！我們自己繼續好好談。於是重新再談。但這時候因為已經有黑臉打探回來的對方底線，我方就更好談了。

那你說可不可以一人分飾兩角呢？基本上不建議。因為這樣一來對方會覺得你人格分裂，二來更覺得其中有詐。

動動腦

就一個業務團隊來說，請問應該是第一線的業務扮演白臉，業務主管扮演黑臉？還是反過來呢？

答案當然還是不一定。

1. 一般來說業務人員應該要當白臉，因為平常跟客戶見面最多的是他們。如果他們每次跟客戶見面，客戶都覺得不舒服、不愉快，誰想要見你呀？所以如果客戶要求什麼好處，而公司不想給，那這時候業務人員可以把反對的責任推給業務主管，以維持自己跟客戶的關係，但是又能夠減少公司的損失。
2. 但是相反的，如果跟客戶談判的時候想要拉高談判的層級，也就是想讓雙方更高階的主管出面來談，那這個時候就應該把面子做給業務主管，也就是讓業務主管當白臉，讓客戶知道讓步的甜頭，都是主管給的。因為主管出面總要帶伴手禮，這樣子見面時氣氛才會融洽。

③ 把關

「把關」這個角色，做的就是「以公正客觀之名，行圖利己方之實」。這個角色的人，他會跳出來說基於某些客觀的標準、規則或者是原理，他必須堅持某些立場。但其實這個堅持對我方有利。

常見的把關者大概有三種類型的人，分別是法務，財務和技術。

- **法務人員：**親愛的客戶，你們的要求我們完全理解，但是很遺憾，從法律的角度，我必須說我們這樣做是違法的。
- **財務人員：**抱歉！我們是上市公司，這樣的方法，不符合主管機關的規定，我們不能這麼做。
- **技術人員：**我們完全理解這個功能對你們很重要，我們也真的很想配合。但是很不幸的，這個功能違反了物理學定律，所以我們真的做不到。

這三種人員講的話，是真是假是另一回事。但更重要的是，當他們這麼說的時候，就把談判引導到一個不同的方向。而如果我方的「把關」有做足功課，這個方向應該是盤算過、對我們有利的。

❷ 第三方

接下來我們來談談判時候不屬於我方，也不屬於對方的第三方。

第三方又可以分成兩類，第一類叫做觀眾，第二是槓桿

① 觀眾

動動腦

一個年輕男子開車的時候跟別人碰撞了，請問這時候他女朋友在身邊跟沒有在身邊，他的反應會一樣嗎？

我想應該會不一樣。

女朋友在身邊的時候，他的反應可能會比較極端。

1. 比方說他可能會更想要表現出男子氣概，以致於態度比平常更強勢。
2. 但是他也可能為了保護女朋友，寧可息事寧人，所以會表現得比平常更低調。

到底會怎麼樣，要視情境而定，但是可以確定的是，應該會不一樣。

動動腦

業務跟採購經理談判，請問這時候採購經理的部屬採購專員在場對賣方比較好，還是比較不好？

答案當然還是不一定。

但是如果採購專員在旁邊的時候，採購經理的表現一樣也會比較偏極端。

1. 他可能為了要證明說他對供應商是非常有權威的，所以這個時候即使明明條件已經相當合理了，他還是要拿出大刀用力的再砍一下。

2. 但也有可能他要表現出我們公司把供應商視為長期的合作伙伴，所以平常採購專員不敢放出來的好處，這時他反而很爽快的一口答應了。

所以到底怎樣對我們最好並沒有一定的答案。但是請仔細考量談判對手的個性、情境，還有我們的目的之後，再決定：

- 談判的時候要不要有觀眾？
- 如果需要觀眾的話，誰適合當觀眾？

② 槓桿

槓桿指的是你可以透過它來撬動某些事情，引導談判到對有利我方的方向。運用的槓桿可能人會在現場，但更常見的情況是，人根本不在現場。但是我們只要「召喚」他，提醒對方槓桿的存在，就有可能改變談判的結果。

常見的槓桿有以下幾種：

・社會大眾

照三國演義的描述，當年劉備三顧茅廬請諸葛亮出山的時候，諸葛亮一再拒絕。最後劉備搬出「先生不出，如蒼生何？」才讓諸葛亮點頭。這句話白話文的意思就是：「大哥！這已經不只是你要不要來我們蜀國上班的事情了。如果你不來上班的話，那些受苦受難的社會大眾，該怎麼辦哪？」先不管這段子是不是羅貫中瞎編出來的，但這就是一個典型的例子，抬出社會大眾的利益和觀感，以影響談判結果。

・客戶的客戶

這是銷售談判常見的策略。比方說客戶堅持要降某個品項的成本。如果你有做充分的準備，說不定可以這樣跟對方說。你說：「如果這樣子的話，我們勢必要降低某顆零件的規格。這樣子，會影響某某產品在某某功能方面的表現。而依據我們最近看到的那一份市場調查報告，消費者表示他們對於這個產品在這方面的表現是非常在意的。」

我們雖不能確定對方的反應會是什麼，但是的確有機會影響對方的決定。

・有更高的影響力的人

這些更高影響力的人可能是談判雙方的主管，也可能是主管機關，也可能是對方在乎的人。常見的說法請參考下表。

四 零和的棒球和雙贏的談判

談判有點像棒球。不過有一點是完全不一樣的，就是一場棒球賽中，贏家只有一方。你的贏就是我的輸，反之亦然。這是零和的遊戲。

但是如果我們好好運用談判的原理和技巧，的確有可能兩方都是贏家。因為畢竟什麼

談判雙方的主管	「如果我們這樣做的話，我們董事長一定會把我踢出公司。」你可以說這時候你讓董事長當黑臉了，這也沒錯。但是無論如何，你就是召喚他出來幫你擋子彈。
主管機關	「我上次跟主管機關開會的時候，他們很清楚的表示，他不能接受企業有這樣的行為。」
對方在乎的人	「不知道你有沒有想過，當你的孩子看到這樣廣告的時候，他們會有什麼樣的感受呢？」

是談判呢？「透過溝通讓彼此生活變得更美好」。這裡面的「彼此」，也就是人。讓對的人參與談判，正是雙贏的重要起點。

你有什麼正在進行的談判嗎？請好好規劃一下要打幾局，以及讓哪些人上場吧！祝福旗開得勝！

重點回顧

1. 談判，特別是比較大型的談判，和棒球一樣都有局數和球員。也就是通常會談好幾次，而且每次上場談的人也不一樣。
2. 規劃談幾次（打幾局）時，要考慮：
   (1) 籌碼的配置。
   (2) 時間的掌控。
3. 規劃參與談判的人（球員）時，要考慮：

(1)團隊談判的角色分工。這包含以下幾種角色：

・主談者：負責擬定談判目的、策略以及團隊成員的組織分工。
・黑臉：為對方帶來負面、不舒服的感覺。
・白臉：創造談判對手愉快的情緒。
・把關：以公正客觀之名，行圖利己方之實。

(2)第三方。這又包含以下幾種人：

・觀眾：觀眾在不在場時，談判者的行為可能會改變。
・槓桿：可以透過它來撬動某些事情，引導談判到有利我方的方向。

8 談「談判籌碼」，有談判就有籌碼

——愛的相反不是恨，而是冷漠

案例

大雄回家的路上遇到了一個歹徒。歹徒拿出槍對著大雄說：把皮夾給我，不然我就殺了你。在不召喚哆啦A夢的前提之下，請問：

動動腦

1. 大雄除了乖乖交出皮夾，有沒有其他作法？

2. 大雄有談判籌碼嗎？
3. 有的話，大雄的談判籌碼是什麼呢？

一 談判最常見的錯誤就是低估自己的籌碼

這一章開始進入談判五大變數 PARTS 的 A，added value，也就是一般所說的談判籌碼。

談判最常犯的錯誤就是低估自己的籌碼。

上述這個開場的案例乍看起來，什麼都不會又手無寸鐵的大雄，遇上一個拿槍的搶匪，除了乖乖聽話之外好像別無選擇了。但真的是這樣子嗎？這個問題的答案，我們留在這章的最後再來詳細討論。但是談判的時候覺得自己沒有籌碼以至於無法好好談，甚至根本就不談，的確談判裡常見的障礙。

但事情不是這樣子的。談判是用來解決衝突的工具，而關於衝突和談判我要說的是：

1. 有衝突就表示彼此需要。
2. 有人找你談判就代表你一定有籌碼。

二 衝突表示彼此需要

這句話違反直覺。遇到和你有衝突的人，避之都唯恐不及了，怎麼還會彼此需要呢？

老公開車回家的路上，被人家從後面狠撞了一下保險桿。人車無傷，但重點是後面那個開車的態度極差。兩人下車檢查狀況的時候，他不但一句道歉都沒有，還嘴巴不乾不淨的，一直說是老公緊急剎車才害他撞到前車。兩人互嗆了幾句，都很不爽。但因為彼此人車都沒損傷，也就沒有再糾纏下去，匆匆各自開自己的車離開。

回到家後，老公還在氣。老婆聽老公碎碎唸個沒完，就問老公：「你一直氣到現在，啊你到底是想要怎樣啦？」

老公說：「那混蛋欠我一個道歉！」

老婆說：「你如果這麼缺道歉，那我跟你道歉啦！」

老公……。

我們先不管這對夫妻的情節後來怎麼展開。重點是你發現了嗎？全世界其他人的道歉都沒有用。這個老公需要「道歉」，但是只有那個混蛋的道歉有用。為了解決這個衝突，這個老公需要那個混蛋。

切換回商務的世界。

你和客戶因為價格有衝突，是因為你需要他的訂單。如果你的產能根本不夠，訂單排到一年以後，你會直接請客戶去找別人。

你跟供應商因為品質起衝突，是因為你需要他的貨，或至少需要他來制衡別家供應商，否則你會直接跟他說謝謝不聯絡。

所以衝突的時候對方並不是你的敵人，反而是你解決問題的夥伴。真正的敵人是那個造成衝突的問題，而且它還是你們的共同敵人。

上面這句話有一個關鍵字，叫做「共同」。因為人類的天性是只要有共同的敵人就會變成朋友。

比方說小三什麼時候跟元配會變成盟友？小四出現的時候。人類什麼時候會大團結？外星人入侵的時候。哥哥跟弟弟什麼時候不打架了？別家的孩子來搶玩具的時候。

當我們切換視角，把衝突的對方當成解決問題的盟友，再把面臨的問題當成共同的敵人，整個畫面便完全不同了。

三 有談判，就代表有籌碼

不論看起來再弱勢的一方都有談判籌碼，否則談判根本不會發生。

如果衝突代表彼此需要，而談判又是解決衝突的工具，那麼上面這句話應該就很容易理解了。

在我的談判技巧課堂上，曾經和學員們分析過以下這個案例。

很多標案都至少要有三家廠商投標才能成案，否則就流標。但是就像很多老司機知道的，常常這三家裡面有一家根本是內定的，只有萬一這一家真有狀況時，那第二家才有機會頂上去。至於第三家呢？基本上只是來陪玩的。沒門！

這種情況之下，如果我發現我是那第三家，可以怎麼做呢？

首先回到談判最基本的目的：透過溝通讓彼此的生活變得更美好。所以在這個情況之下，合理的目標可能不是拿到這個標案，而是想想看，有沒有機會讓結果變得比較好？

這又要連結到我們上一篇所談的，談判的時候我們想的三種東西：實利，時效以及關係。

現在看起來要得標的可能性不大（跟實利說拜拜），也沒有什麼時效的考慮（案子早結案晚結案都跟我沒關係），所以最後可能要得到的就只剩關係了。

這時候如果我們提出一個要求，我說：「大哥，我知道我這一次是來陪標的。你放心，我也會演好陪標的角色，不吵不鬧讓這個標順利開完。但是我只有一個卑微的請求，就是下一次有這樣的標案的時候，請你第一時間通知我。請問這樣可以嗎？」

你覺得對方答應的可能性高不高？我覺得很有機會。因為這個時候我們雖然很弱勢，但是還是擁有他所需要的東西：乖乖走完開標流程。你的談判籌碼就是你可以不玩，你不玩就流標。因此這次雖然注定拿不到案子了，但下次可以掌握先機，提高下次投標的勝算。這樣的話，這次標案也算沒有白來了。

但這個事情再更深入分析的話，還有兩個點要再釐清：

1. 如果對方連這個承諾都不給怎麼辦？
2. 即使給了承諾也不見得會做到，要這個承諾有用嗎？

先說第一個，如果他連承諾都不給怎麼辦？

這時候請再復習一下，「對方不是你的敵人，反而是你解決問題的盟友」。你們的共同敵人是你要他承諾，而他不給承諾的這個問題。

當你跟夥伴遇到共同敵人的時候可以怎麼做？跟夥伴商量啊！所以這時候也許我們可以這麼說：

「大哥我真的很想幫你，但是如果連這麼一點承諾我也拿不到，我回公司真的無法交代。當然我也理解你不給承諾也一定有你的難處。請問你覺得這件應該怎麼辦才好呢？」

我不知道接下來故事會怎麼發展，但是有兩個美好的改變可能會發生：

1. 他理解你的為難，所以願意給你承諾了。
2. 他感受到你把他當成夥伴而不是敵人的善意，所以他開始比較願意跟你說他心中真正的想法和顧慮。

不管哪一種結果，對於強化彼此的關係都有幫助。而這不就是你要的嗎？再來說他即使給了承諾也不見得會做到，要這個承諾有用嗎？

要談這個問題，我們要重新回到談判的本質：運用談判技巧是為了提高打擊率，而不是包贏。

沒有十成打擊率的打者。就我所知美國大聯盟歷史上還沒有哪一個打擊者單季打擊率超過五成的。換句話說，即使是最厲害的打擊者，他出局的機率還是高於上壘的機率。這些打者之所以偉大，其實也就是他們成功打出安打的「機率」比較高。

談判也是一樣。我們每天眼睛一睜開，生活中就圍繞著大大小小的談判。我們不可能、也不需要，在每一個談判中都要好要滿。但是我們只要在每一次談判把打擊率都提高那麼一點，也就是讓生活變得更美好的機會再大一點，那麼積小勝為大勝，累積下來的結果就很可觀了。

有沒有人天生就喜歡說謊騙人的？也許有，但是我還真的沒見過。我目前為止認識的人，除非不得已，都還是希望自己是一個言而有信的人。換句話說，我不敢保證剛剛給我承諾的那位大哥是不是真的言而有信，但是我相信有這句承諾比起沒有這句承諾，下次有標案時我被他第一時間通知的機率會變大，而且大不少。再換句話說，因為我這個動作，我的打擊率提高了。

四 當大雄遇到搶匪，他可以這麼做

最後我們回到一開始的案例：當大雄遇到搶匪的時候可以怎麼辦？

首先，當搶匪說「給我皮夾，不然我就殺了你」的時候，這句話看起來絕對是個威脅，但是換個角度想，這句話其實也可以視為談判時對方給的一個「提議」。

「給我皮夾，不然我就殺了你」這句話可以改寫成「如果你給我皮夾，我就不殺你」。而所有這種「如果」怎樣「就」怎樣的句型，其實都是談判提議的句型。「如果」後面接的是對方要的，「就」後面接的是對方能做的。搶匪給了大雄一個提議，雖然是在拿槍指著他的情況下。

所以大雄的談判籌碼是什麼？就是他的命。

搶匪其實不想殺大雄，他只是想要皮夾。因為如果只是皮夾被搶，這種案子即使報了案，警察說不定也不會全力偵辦。時間一久，搶匪也就全身而退了。但鬧出人命就完全不一樣了。搶匪接下來的麻煩絕對超級大條，沒完沒了。

再換個講法，如果搶匪真的不在乎大雄的性命，他一槍殺了大雄，把皮夾拿走就好了，他根本不會跟大雄談。所以「談判籌碼」，有「談判」就有「籌碼」。如果大雄知道搶匪「需要」他活著，他就可以運用這籌碼作為施力點，有機會透過跟搶匪的談判，讓這倒楣到底的一天結果變得稍稍好一些。

那麼皮夾在這時候扮演什麼角色呢？皮夾是談判的標的物，或者說皮夾是談判的議題。

為了救大雄，在這裡我們要先很快說明一個觀念，「議題的多元化」。這個觀念在另一個談判變數，PARTS中的S，相關章節中會深入探討。但是現在怕大雄會沒命，所以先說明一下然後借來用。

議題多元化指的是談判如果要談得好，通常不能夠只有單一議題。因為雙贏的前提通常來自於價值認知的差異，也就是青菜蘿蔔各有所好，每個人喜歡的不一樣，所以能夠各取所需。

所以這時候搶匪和大雄之間如果只有皮夾這個單一議題，那麼大雄就只有給或不給這兩個選項。給了他全輸，不給的話恐怕又要挨子彈。

但是一個皮夾可以分拆成很多個議題。仔細分析就發現，皮夾包含了：現金、證件、信用卡、提款卡、其他亂七八糟的卡，還有皮夾本身。

對搶匪來講價值最高的應該是現金；但是對大雄來說，說不定這個皮夾本身才是他最在乎的，因為那是靜香送他的定情物。其他東西都可以再補辦補發，但皮夾本身代表的意義卻是無可取代的。

所以也許，只是也許，大雄可以跟搶匪說其他東西你都拿去沒關係，但是請把皮夾留給我，因為它對我太重要了。搶匪會不會答應？不知道，但是有機會。因為對搶匪而言，這個破皮夾可能一文不值，早晚也是要丟進垃圾桶的。

所以大雄和我們一樣，透過談判可以有更大的機率，也就是更高的打擊率，讓生活變得比較美好。

五　愛的相反不是恨，而是冷漠

智者說：「愛的相反不是恨，而是冷漠。」

我們也可以照樣造句：「和諧的相反不是衝突，而是無視。」只要對方和你還有衝突，就表示你們彼此需要，也表示你還有機會讓結果變得更好。

重點回顧

1. 談判最常見的錯誤就是低估自己的籌碼。
2. 有衝突就表示彼此需要，有人找你談判就代表你一定有籌碼。
3. 運用對方對你的需要，即使不能改善眼前談判的結果，也可能可以連結到未來，有助於日後的談判。
4. 和諧的相反不是衝突，而是無視。只要雙方還有衝突，就表示彼此需要，也表示有機會讓結果變得更好。

9

你很強，我很怕，我拿什麼跟你談？

——談判的籌碼

這一章的案例特別短，短到沒有案例，直接進入思考問題。

動動腦

為什麼我們看病時很少跟醫生討價還價談判？

一 談判的籌碼：玩和不玩

這一章繼續談 added value，也就是談判籌碼。

再複習一下前面談過的觀念：不管你覺得自己再怎樣弱勢，但只要對方跟你談，就代表你一定有談判籌碼，否則談判根本不會發生。

那究竟身處談判的我們，能有什麼籌碼呢？這可以從兩個角度來分析：

第一個是：你玩。

第二個是：你不玩。

「你玩」是指當你加入一個談判時，你有什麼能夠影響談判結果的「權力」？「不玩」是說，如果你離開這場談判，你能夠帶走什麼？因此使得對方必須在乎你的去留？

這一章要先談「你玩」。下一章再接著談「你不玩」。

如果你玩，也就是參與一場談判，常見的權力有四種，分別是：

1. 法定權。
2. 專家權。
3. 資源權。
4. 負面權。

以上四種權力排名越前面的通常越明確，也越容易被看到。但不代表排名後面的力量就比較小。

二 談判的權力

❶ 法定權

怪醫黑傑克為什麼不能夠光明正大的行醫，並且接受世人對他高超醫術的歡呼？因為儘管他的醫術世界第一，但是他沒有醫生執照。

你的會計讀到爐火純青，但沒有會計師執照，你就不能簽證公司的財務報表。不管我們的法學素養再好，但法律的事碰到律師就要矮一截。因為法律上有很多他能做的事，我們就是不能做。

以上這些行業，醫生、會計師、律師，都有法律所賦予的權力。談判的時候擁有像這樣的法定權，是強大的火力。除了以上因為職業而有的法定權之外，以下也是談判中常被運用的法定權：

(1) 專利：法律規定這東西只有我能生產，你生產就是違法。

(2) 行業特許：法律規定沒有政府核發執照的公司，不能做這門生意。

(3) 有公信力單位所發的證明：比方產業界有些實驗室，雖然不一定是官方單位，但它所發出來的證明，大家都相信。證明書說我的產品不含有害物質，產品就是沒有含有害物質。

所以談判時的第一個步驟，就是盤點有沒有任何有利於我方的法律條件。畢竟法律是道德的底線，也是人類行為剛性的準則。

❷ 專家權

這個道理很容易理解。如果人家覺得你是專家，就很可能聽你的。但這裡的重點是，你是不是專家不重要，重點是人家認不認為你是專家？所謂的專家，可能是某個學科聲譽卓著的學者，或某些領域的達人。如果你自己本身就是專家，或談判的時候能找到這些人來跨刀，那當然對談判有如神助。

但是如果自己不是，而且也烙不到人怎麼辦呢？這個時候就要想辦法講得像是專家。想要講得像專家要把握一個重點：「有根據」。

比方同樣的酒，麻瓜和達人喝完的說法就是不一樣。

麻瓜：這酒好喝。

達人：這支酒剛入口的時候有點澀，表示它的單寧偏強。但是很快就呈現一種熱帶水果、鳳梨果乾、帶殼夏威夷豆的飽滿口感。桶味表現恰如其份，均衡度跟飽滿度也都很不錯。

說實話，我想很多人未必聽得懂達人在講什麼。什麼是單寧？什麼是桶味？均衡度跟飽滿度又是怎麼量出來的？我也還真不知道夏威夷豆帶殼和不帶殼味道有什麼差別？

但是這都不重要。重要的是，這些描述讓我們相信「好喝」兩個字是有根據的，即使這些我們根本聽不懂。

❸ 負面權

人類所有行為背後的動機不外乎兩類：「追求快樂」和「逃避痛苦」。產品讓我們生活更方便、更舒服，所以我們買：這是追求快樂；怕被開罰單所以乖乖不超速，學生怕被當所以準時交作業：這是逃避痛苦。

負面權就是針對第二個，逃避痛苦。當一個人有負面權，意思就是我不能讓你快樂，但是我可以讓你痛苦。

講個最極端的例子吧！描述黑社會的經典電影「教父」裡，有句經典的台詞。當有人問主角麥可（黑幫老大的兒子），如何能夠談成一個看似不可能的談判時，麥可回答說：「我父親提供了一個令他無法拒絕的條件。槍口指著他的頭，向他保證，留在合約書上的，不是他的簽名，就是他的腦漿。」

誠心希望我們永遠都不要遇到這麼慘烈的談判。但是不可否認的，黑社會的介入的確很可以改變談判的結果，至少電影裡面都是這樣演的。

回到一般商務的情境，常看到的就是公開招標的案子。這種案子一般需要三家廠商參與投標才能開標。如果有個案子，雖然人家都事先已經「喬」好了，我沒有得標的勝算。但是因為我的退出，這案子就要流標。所以我還是可以運用這個破壞開標的力量，在標案中得到一些好處。這部分之前已經討論過了，這裡就不再多說。

❹ 資源權

先說基本的原則：「如果我擁有你想要的東西，你就很可能聽我的。」我想這也很符合我們的生活經驗。

但是這句話當中的重點是：我「擁有」的，你「想要」。換個角度就是，如果我有的你不想要，我拿你沒輒；同樣的，你想要的我沒有，我也影響不了你。關於資源權，延續教父的黑色基調，我們再來用一個比較黑暗的例子吧！

對於一個乾淨沒毒癮的人來說，毒販對他是沒有任何影響力的。因為毒販所擁有的資源（毒品），他並不想要。但對一個已經成癮的人來說，毒販就可以左右他的命運，因為毒販擁有他非常非常想要的資源。

在我領導業務團隊的工作經驗裡面，我發現業務也可從這個角度分成兩種。

第一種業務想的是：客戶想要的我要擁有。於是他總是向公司要求，有沒有更高的規格？更低的價格？或是更寬鬆的付款條件？

第二種業務的思考重點是：如何讓我們擁有的，成為客戶的想要？所以他會深入了解客戶，發掘客戶可能連自己都沒有察覺的需求。他分析客戶組織當中錯綜複雜的權力結構，然後找到真正會「想要」我們所「擁有」的資源的人。

如果你是老闆，你比較喜歡哪一種業務呢？我想答案應該很明顯吧！

我的意思不是在談判的時候，只能夠讓自己擁有的被對方想要。拉幫結派、整合資源，讓我們擁有對方所要的資源，也是非常重要的談判技巧。這兩件事可以並行，而且毫不衝突。事實上，在我們的章節後面會談到談判議題的連結，就是這種觀念的運用。

三 威力最大是組合拳

再回到本章一開始的思考問題，為什麼很少人跟醫生討價還價？先說個故事吧！

幾年前陪我奮鬥大半輩子的臼齒終於徹底離開我了，於是我準備植牙並四處尋找植牙的相關資訊。有個我很熟的牙醫師朋友告訴我：「我直接跟你說吧！你去植牙的時候，如果不喜歡這個牙醫，或是嫌貴，就不要找他做，換一個醫生。千萬不要跟他殺價。因為病人嘴巴一張開，我們牙醫就決定要賺多少錢了。你跟醫生殺價，最後都會在反應在成本上。也就是用的料跟工，都會打折扣。」

他的說法是真是假？有沒有代表性？我不知道。但是這個故事很可以說明病人和醫生的關係。

你發現了嗎？以上述這四種權力來分析，對病人而言，醫生全都有。醫生所擁有的是威力最強大的組合拳（如下表）。

所以上桌談判之前，請先檢查一下自己在「法定權」、「專家權」、「資源權」、「負面權」這四方面，各自擁有什麼權力。然後將不同的拳路結合起來，組成必殺的組合拳。

祝福大家拳（權）力全開！

法定權	要有醫師執照才能執業。植牙，就是醫生才能做。
專家權	醫學院不是唸假的。醫生說的東西病人根本聽不懂，不同的植牙材料，不同的手術程序會有什麼不同的效果？一般的病人無從分辨。這種資訊巨大不對等，造成病人的弱勢。所以你跟醫生在這裡殺價，醫生就還有辦法從那裡賺回來。
資源權	設備、藥品、材料等等醫療資源，醫生才有。
負面權	不是黑道才有負面權，其實醫生也有。能不能治好不一定，但如果想亂搞，醫生一定能整得病人死去活來。請不要誤會，我絕對不是說醫生會亂搞。但重點是病人都知道醫生有「能力」亂搞，也怕他亂搞。談判時，籌碼往往不用真的用出來，對方知道你有就夠了，國際政治中的核子武器也是同樣的概念。

重點回顧

1. 談判的籌碼可以分成兩類：
   (1) 你玩：當你加入一個談判時，你有什麼能夠影響談判結果的權力？
   (2) 你不玩：你離開這場談判能夠帶走什麼？使得對方必須在乎你的去留？

2. 「你玩」的權力又分成四類：
   (1) 法定權：法律所賦予你的權力。
   (2) 專家權：別人因為尊重你的專業而聽從你。
   (3) 資源權：你擁有一些東西，而且別人想要。
   (4) 負面權：你有讓別人痛苦的能力。

10 在愛情裡不被愛的才是第三者

——談判BATNA的價值投資判斷

案例

有一家公司的業務年薪一百萬，但是他一年可以為公司創造出一千萬的淨利潤。他想自己替公司賺了那麼多，卻只拿這麼一點，太委屈了，想跟公司談調薪。他的目標是至少要求公司調到年薪一百二十萬。

動動腦

請問你覺得他談成的機會大嗎？

1. 大的話，為什麼？
2. 不大的話，又是為什麼？
3. 決定他能不能達到目的的因素又是什麼？

接續上一章，這一章繼續說明談判籌碼。上一章談的是談判時如果你要「玩」的話，有什麼談判籌碼。而這章要討論的是如果你「不玩」的話，又有什麼談判籌碼？

一　在愛情裡不被愛的才是第三者

連續劇《犀利人妻》的劇中有一句廣為流傳的台詞：在愛情裡，不被愛的才是第三者。在談判的世界裡我們可以照樣造句：談判裡非談不可的才是弱者。或者換個講法，能不談，敢不談的才是強者。

所以如果談判時能夠判斷我們「不玩」的結果，換句話說，也就是放棄現在進行中的談判會發生什麼事，那就可以精準的評估談判籌碼，發展有效的談判策略。

最佳備案 BATNA

要清楚說明「不玩」這事，我們要借用談判學中非常重要的一個觀念，BATNA。它是 Best Alternative To a Negotiated Agreement 這些英文字開頭字母的縮寫。BATNA 一般翻成「談判協議的最佳替代方案」，或簡稱「最佳備案」。白話文就是：談不成的話，你最好的替代方案是什麼？

這是談判學中普遍、非常有用的概念，網路可以找到一堆相關材料，不過你看到英文字跟縮寫也許就頭昏了。但是不急，以本章一開始的案例來說明就清楚了。

先說答案當然是：不一定。

談判的世界裡，能不要的才是強者。重點在於當你提出這個要求的時候，公司能不能、敢不敢不要你？白話文就是你的可取代性。

如果這公司品牌強、品質優，產品本來就好賣。換作任何一個有基本能力的人也可以賣得好。這時候你提出加薪的要求，公司可能跟你說要不是念在你跟公司這麼些年了，否則外頭有一大堆年薪七十萬就願意做這個工作的人在排隊，而且業績絕不會比你差。你如果覺得委屈，就真的不要勉強，那請便吧！

但若公司產品很弱，是因為你本事大才賣得出去，換個人業績可能剩不到一半，那你就真的有機會拿到想要的調薪了。甚至獅子的口可以再開更大一點。對公司來說，不跟你談了，外面有沒有其他人可以接替你的工作，也就是公司的最佳備案是什麼，這就決定了公司對你加薪的態度。

但是反過來，你也可以問自己的最佳備案是什麼？如果你能力強大，外面有很多公司搶著要你，那談法當然就不一樣。這時候「破局」，也就是走人不談了，是重要的談判技巧。破局有很多好處。包含：

(1) 探出對方的底線。
(2) 逼出對方的決策者。

(3) 殺對方的銳氣。

(4) 促使第三者介入調解。

但談判時之所以不敢破局，是因為害怕破局之後就得不到原本經由談判得到的東西。但是如果有具體的BATNA在手，這個談判還值不值得進行下去？破局了之後會有什麼結果？就有明確的判斷依據。畢竟談判的最終目的，是為了經由溝通及交換讓彼此生活變得更美好。如果不能夠更美好，幹嘛要談？

說到這裡，讓我們切換一下思考的角度。華倫・巴菲特最為世人稱道的就是他的價值投資法，究竟什麼是價值投資法呢？最簡單的說法，就是你要看出一個公司股票的內在真實價值（intrinsic value），然後跟這個股票現在市場上的價格做比較。如果價格遠低於價值，就是一個好的投資標的，反之則不是。但最關鍵的是，巴菲特老先生對於判斷公司的內在真實價值有獨到的眼光，所以每每能在茫茫股海中，以他心中的內在真實價值為根據，老神在在的選出最有成長潛力的好股票。

把這個觀念延伸，談判的最佳備案就是你原本已有的價值，而透過談判你希望得到高於這個在手的價值。如果談判能得到的東西比不上你已經擁有的價值，那當然就不值得談了。而如果你對自己原本已有的價值不了解、不清楚，談判進退就沒有依據。就像巴菲特如果不知道某支股票的內在真實價值時，他也跟我這小散戶一樣茫然無頭緒。

二 評估自己的BATNA

那麼究竟要如何評估自己的BATNA呢？有幾個方向可以讓我們更精準的評估自己的BATNA。

❶ 弄清楚自己到底要什麼？

在本書裡，這個問題一直被提出來。之所以如此，是因為這問題值得，也必須多問幾次。

你的備案跟你的價值觀有關。放不下公司給你的高薪、頭銜，那你跟公司談判時的備案就少。因為除非你拿到其他公司更多的薪水、更高的頭銜，否則你別無選擇只能繼續待。相反的，你若覺得這一切都是浮雲，心靈自由更重要，那你離開這場談判的最佳備案就可以是歸隱山林簡單過日子，選項也就多了。

再舉個例子。有一位業務主管，我認識他的時候他最自豪的就是他已經連續九年完成公司的業績目標。他認為完成他生涯中的十連勝對他意義重大，那麼可預期的在他第十年時和客戶談判的態度一定會份外的積極，甚至不惜犧牲其他業績以外的目標，比方說利潤，或是團隊成員的觀感。而其實九年或十年，也許除了他自己外，別人並沒有那麼在意。這是他自己的價值觀。

再三的問清楚自己要什麼，是評估自己BATNA最重要的開始。

❷ 檢視利害關係人的觀點

談判永遠都牽涉人的利益分配。受談判影響的這些人就是談判的利害關係人，他們對於談判結果的態度，緊密關係著你的備案。比方說，跟客戶談價格，談不成的時候你老闆會怎麼看，深刻影響你的最佳備案。

再比方一個企業的副總跟董事長談，想爭取總經理的位子，若談不成他就要創業自己幹。這時，這位副總的家人支不支持創業是重要的考量。不支持的話，創業這個備案的阻力大、成本高，價值就低，反之亦然。

關於這點，我建議的具體步驟是：

(1) 談判前列出所有在乎談判結果的關係人。
(2) 誠實的問自己你對他們的反應又有多在乎。
(3) 評估他們的反應。
(4) 做出最符合你真正想要的結果的決定。

❸ 盤點現有資源

資源分兩類，第一類是你有的，而第二類是希望你成功的人有的。第一類明顯，第二類則常常被忽略，這也是為什麼這段內容要接在上一段「檢視利害關係人的觀點」之後的原因。

跟公司談升官，一言不合就要創業。這時你銀行帳戶有多少錢是你的資源，也決定了你的備案。但是你創業能找不找到金主？這些金主是說說而已還是真心相挺？這就需要深入的評估了。

說了這麼多，我真正要強調的只有兩個字：「事先」。不管你要什麼、利害關係人的觀點是什麼，或是你有什麼資源，所有這些因素都必須在談判前先仔細想過，而不是上了談判桌才手忙腳亂的亂猜。而這也正是我對談判一貫的核心觀點：「真正會害死你的不是你不知道的；而是你不知道你不知道的。」

三 強化自己的BATNA

最後談如何強化自己的BATNA。這分兩方面來說，第一個是真的變強，第二個是讓對方覺得你很強。

❶ 真的讓BATNA變強：騎驢找馬

真的變強通常要透過交換，而且是一連串的交換。透過交換強化自己既有的BATNA，並達到驚人成績的最戲劇性例子，也許是加拿大部落客凱爾·麥唐納（Kyle MacDonald）的故事。他在二〇〇五至二〇〇六年期間，用一根紅色迴紋針在經過十四次交換後換到一棟房子。

這事很多人聽過，網路上資料也不少，細節我就略過。重點在於這神奇的一切是怎麼發生的？我認為關鍵有兩個：「價值認知的差異」以及「只會增值的選擇」。

①價值認知的差異

二〇〇五年七月十四日，凱爾·麥唐納開始他的第一步。他用紅色迴紋針交換到一隻魚造型的筆。

對於用魚造型的筆和麥唐納交換迴紋針的人而言，可能他剛好需要一個迴紋針，可能這支筆他本來就不要，也可能純粹是好玩。但無論如何，這個交易他覺得合算且有好處（好玩也很重要，不是嗎？）。也就是在他的認知中，他從這個紅色迴紋針中得到大於那支筆的價值。而同樣的，對麥唐納而言，筆的價值大於紅色迴紋針。

然後就展開了一連串各式各樣的奇幻交易，但所有交易的邏輯都相同：雙方對價值的認知有差異，而且都同意交換之後彼此會更好。

②只會增值的選擇

為什麼一連串的交易最後能換到房子？因為麥唐納如果遇到他認為減損價值的交易都可以說「No」。也就是他一開始並不知道何時會換到房子，甚至可能也沒有以換到房子為目標。但他知道每一筆交易都要增值，否則就拒絕。只要這個過程持續下去，加上時間的魔法，他手上的籌碼就會越來越大。

換句話說，不比他既有價值高的提議，他一概「不談」。因此在那每一個交易的當下，他都是真正的強者。回到商務談判的情境，我們可以如何和公司談加薪呢？我們來看個例子。

案例

你正在考慮換工作。但如果能和現在的公司談到調薪20%，你就留在原公司。由於你專長的領域現在很熱門，所以另外有A、B、C三家公司都想請你去上班，但是目前沒有一家公司提供的待遇加薪超過20%。

策略推演：可以參考以下的劇本

雖然沒有如一開始所願在原公司得到20%調薪，但得到了不一樣、甚至也許價值更高的收穫。

步驟 1： 先跟 A 公司談	結果：得到 10% 的加薪。 分析：A 公司希望你去，所以 10% 的調薪很有機會。
步驟 2： 再跟 B 公司談	結果：也只得到 10% 的加薪，但要求 B 提供免費停車位。 分析：B 公司希望你去，所以 10% 的調薪很有機會。B 公司剛好又有多餘的車位，所以很願意給你車位。車位對你很有價值，但對 B 公司來說還好。
步驟 3： 再跟 C 公司談	結果：加薪 10%，有車位，年假多十天。 分析：C 公司希望你去，所以條件不可能比 B 公司差。而 C 公司原本管理就比較彈性，只要你能完成任務，多給休假不是問題。休假對你來說很有價值，但對 C 公司來說是小菜一碟。
步驟 4： 最後再回來 跟原公司談	結果：加薪 15%，有車位，擴大工作內容。 分析：原公司希望你不要走，但加薪 20% 實在有困難，15% 勉強可以接受。車位不是沒有，只是本來打算給別人，既然你在乎這個，就給你吧！至於擴大工作內容，主管本來就樂意，只是卡在政治考量，怕有人說話。現在不如你願怕你會走人，正好順水推舟。你因此有機會提升能力、建立戰功。日後如果要再轉職，談判的 BATNA 又提高了。

你發現了嗎？這個過程的邏輯其實和迴紋針的交換相通，一樣是運用價值認知的差異，一樣是只接受會增值的選項，我們常說的「騎驢找馬」也是這個道理。但也別高興得太早，這一切美好的根本原因，都在於：

(1) 你原本的公司想留你。

(2) 外面有三家公司爭著要你。

如果以上條件不成立的話，沒門！是不是擁有別人想要的，終究是決定談判結果的關鍵因素。

❷ 讓對方覺得你的BATNA很強：空城計

諸葛亮的空城計可以很貼切的說明如何讓對方覺得你很強，即使事實上並沒有。雖然這是羅貫中編出來的故事而不是史實，不過是一個很好的例子。空城計的情節大家都爛熟了，我直接說重點。

司馬懿兵臨城下，看到諸葛亮在城牆上頭彈琴搖扇子。諸葛亮傳達的意思就是今天你大哥想怎麼樣我不管，反正我不跟你玩。也就是不談。

那在司馬懿的眼中看來，諸葛亮為什麼敢這樣對待他呢？就代表他應該有一個不比現在差的備案。那你現在都敢彈琴搖扇子了，我打過去的話你的備案又不比現在差，那到底會是什麼呢？未免也太恐怖了。所以想一想，還是先退再說吧！所以這裡面的關鍵不在於諸葛亮有沒有最佳備案，他也真的沒有，而是在於司馬懿相信諸葛亮有。

這就是談判另一個重要的概念：「有時候你不能夠改變實際的狀況或資源，但是只要你改變對方的認知，一樣可以改變談判的結局。」

關於如何改變對方的認知，就是PARTS中的T。關於T，本書後面的篇幅會有更多討論，這裡就先打住。

在愛情裡，不被愛的才是第三者；在談判裡，非談不可的才是弱者。能不談、敢不談的才是強者。

成功的投資者了解投資標的內在真實價值；成功的談判者，知道自己有什麼最佳備案。增強自己最佳備案的價值，或讓對方相信你的備案很有價值。

重點回顧

1. 在愛情裡，不被愛的才是第三者；在談判裡，非談不可的才是弱者。能不談、敢不談的才是強者。
2. 衡量能不能不談的根據：BATNA。
3. BATNA：
   (1) Best Alternative To a Negotiated Agreement
   (2) 談判協議的最佳替代方案，簡稱「最佳備案」。
   (3) 意思是：眼前的談判談不成的話，你還有的最好替代方案是什麼？
4. 評估自己BATNA的方法
   (1) 弄清楚自己到底要什麼？
   (2) 檢視利害關係人的觀點。
   (3) 盤點現有資源。
5. 強化自己BATNA的方法
   (1) 真的讓BATNA變強：騎驢找馬。
   (2) 讓對方覺得你的BATNA很強：空城計。

談判規則與心理篇

11 順規則談，逆規則想

——談判的可改變與不可改變

案例

你是一家公司的採購。供應商的業務跟你說：「不好意思啊！我們公司規定的付款條件就是月結三十天，不能變的。」

動動腦

1. 你打算接受這個月結三十天的條件嗎？為什麼？

2. 你打算拒絕這個月結三十天的條件嗎？又是為什麼？
3. 判斷接受和拒絕的根據，又是什麼？

案例

你是一家公司的業務。出門和客戶談判前老闆跟你說：「客戶這次專案我們能接受的價格底限就是三百萬元。如果客戶的價格不能在這以上，就不用浪費時間了。」

動動腦

1. 你打算接受這個三百萬元的價格底限嗎？為什麼？
2. 你打算推翻這個三百萬元的價格底限嗎？又是為什麼？
3. 判斷接受和推翻的根據，又是什麼？

一 前言

我們用前面的篇幅分析了PARTS中的P和A。這一章來談R，也就是rule，談判的規則。

讓我們用拆解本章一開頭的兩個案例來揭開這一章吧！

這兩個案例的共同點是都有人給你了某些限制條件，並且告訴你談判的時候，這些限制條件就別去碰，乖乖遵守就是了。請問這時候你可以怎麼做呢？

基本上有兩個方向。

1. 第一個方向：接受月結三十天和三百萬元的這兩個限制條件，然後想辦法用其他的方式達到目標。
2. 第二個方向：直接挑戰限制條件，因為改變這兩個限制條件就會改變談判的結果。這裡的「限制條件」在我們的談判架構裡面就是規則：Rule，R。

二 規則影響結果

談判的時候，雙方都會有意識或無意識的遵循某些規則。遵循這些規則，談判的結果就會被制約在某個範圍以內；但如果改變這些規則，談判就有新的可能。

比方在正常的商務談判裡，都有一個不用特別強調、但是彼此都會遵守的規則：守法，法律就是談判雙方的規則。但是談判真的不能違法嗎？如果是黑社會的大哥談判，要他們考慮守法的問題不是笑話嗎？我們不是黑道，我當然也沒有要鼓勵大家違法。只是要強調法律就是一種規則，遵守和不遵守這個規則，談判的方法和結果都會大不同。

再比方談判時對方給我們一個最後期限，這個最後期限其實也就是對方給的規則。接受這個最後期限選項就有限；但如果改變最後期限，可能性就多了許多。

所以，談判的時候察覺所遵循的規則，並且適當的選擇遵守或改變規則，是談判成功的重要因素。

三 談判的不可改變與可改變

以下幾句話在我人生起伏中給我很大的力量跟安慰，在此和大家分享。

請賜我寧靜，接受我無法改變的事；
請賜我勇氣，改變我能改變的事；
請賜我智慧，以分辨二者的不同。

人生有些事是不能改變的，只能平靜接受。再親愛的人，也終有一天要離開我們，而有一天我們自己也會離開這個世界。這是任何人都無法改變的事情，只能平靜的接受。

但是走到生命終點那刻之前，生命的品質是我們可以決定的。生活給我們許多束縛，但是如果有足夠的勇氣，加上耐性，我們還是有機會可以改變這些事情。我最喜歡的電影《刺激 1995》，說的就是在牢獄的困縛下，勇氣加耐性仍可以成就的美好，雖然那只是電影。

但是什麼時候該堅持？什麼時候該放棄？這不會有標準答案，也才是考驗智慧的真正挑戰。人生好難啊！

固執跟堅持有什麼差別？

固執是負面的意思，而堅持則是正面的。

另外，我們還可以說：固執執著手段，而堅持執著目標。固執的人，不顧情勢改變，不計代價，硬要用同樣的方法達到目標。堅持的人則懷抱目標，但手段可以因為時空的變化而調整，只要最後能完成目標就好。在人生和談判中都一樣，讓我們當個堅持而不固執的人吧！

但比起人生所需要的大智慧，談判容易些。因為決定談判的「可改變」與「不可改變」有個清楚的標準：你到底要從談判中得到什麼？也就是談判的目的。談判的目的之前的篇幅已經討論很多，這裡就不再多說。

這裡要強調的重點是，談判時要先確定桌上有哪些是「不可改變」？哪些又是「可改變」？並在談判過程中，視資訊和資源的變化，隨時檢視這些「可變」和「不可變」。

再回來深入分析本章開始的兩個案例。

1. 如果你是採購，一開始可以先假設三十天的付款條件「可變」，然後嘗試各種方法去改變付款條件。但是到了某個階段，你發現對方真的很硬，而且不缺訂單，你再堅持下去的話，下場就是買不到貨。那麼這時候我們就必須回過來，「平靜」的接受這不可改變的三十天付款條件。

2. 作為業務，你當然希望能夠拿到案子。你可以先把三百萬元當作只是老闆怕你輕易割地賠款所預先做的心理建設。然後在出門前多花一點時間，問老闆為什麼這麼堅持三百萬元這數字？他真正想要的又是什麼？也許三百萬元只是他的立場，他真正的利益是毛利要維持多少以上；或者他只是怕打壞行情，影響後續的案子（關於「立場」跟「利益」，請複習之前的章節）。經過這一番溝通之後，說不定在某些條件配套之下，老闆會接受二百五十萬元的價格。

再換個角度講，談判跟解數學方程式一樣，都有常數跟變數。差別只在於，方程式裡面的常數跟變數很明確；而談判裡面的常數跟變數，常常會、也必須隨著談判的進行而調整。

四 面對規則必備的兩個態度

要在「可改變」和「不可改變」中遊刃有餘，要先建立面對規則的兩個基本態度：

1. 看出所依循的規則。
2. 認知規則只是目前的限制，不是不可改變的真理。

看出依循的規則理論上很容易，但實際上並不然。因為人有盲點。先說個大象的故事。

馬戲團裡的小象剛出生就被拴在一個小木樁上，從此牠就被困在這半徑兩公尺的小圓圈。即使小象曾經試圖逃脫，但是堅固的小木樁卻動也不動。小象日復一日用力拉扯，皮都磨破了，但是力氣就是太小，不得不放棄。

幾年過去了，小象長成大象，牠的力氣早就能夠輕易拔掉木樁，但是牠卻也早就沒想這麼做了。綁住大象的不是小木樁，而是牠心中的放棄。

不只大象，人類也會發生同樣的狀況。心理學家稱這種現象為「習得性無助」（learned helplessness）。就是這樣的無助，讓我們在談判時，不自覺的接受了對方所設下不利於我方的「規則」。

再說個我親身經歷的例子。

某次，在策略規劃會議中跟客戶討論品質問題。這個客戶從事化工產業，為了節省成本，業界的作法會把廢棄的材料，也就是所謂的下腳料，混合到新的生產原料當中。這樣成本比較低，但品質也還在可接受的範圍。會議當中，客戶提出下腳料對新料的比例是10%。出於職業性好奇心，我問了一個自認為很簡單的問題：「請問這個10%的比例是什麼時候、由誰根據什麼訂出來的？」。

然後接下來是一片尷尬的沉默。

那個會議的出席人員，包含了從總經理到所有部門經理級的主管，而且年資都超過十年以上，但是沒有一個人回答得出來這10％是誰、根據什麼原則訂出來的。這麼多年過去，大家就不知不覺的遵循10％這個數字。可以想像這些年來，技術以及客戶的需求都有很大的改變，但是10％卻一直在那裡，如恆星般的存在。

大家都常掛在嘴上的SOP，算是組織裡最常見的一種規則了。但請注意以下這句關於SOP敘述的「時態」。

SOP：所謂的SOP，就是過去有人以當時的資源跟條件，認為那個時候那樣做很好，所以定下了程序，要後人比照辦理。

所以你發現了嗎？SOP適合的是過去的時空。當條件改變的時候，當然SOP也就要與時俱進。SOP不能天天改，否則就不叫SOP；但是SOP也不能都不改，否則就是老舊、不合時宜的束縛。

規則只是特定時空下做事的方法，它不是真理，它等待人們的挑戰與推翻。人生如此，談判更是如此。

五 處理規則必問的三問題

看出只是規則而不是真理之後，接著就要問能把規則這事料理得更好的三個問題。

❶ 這規則誰定的？

進行商業談判的時候，常常聽到「我們公司規定如何如何」這樣的句型。但是其實公司不會規定任何事情，因為「公司」只是法律上的一張營利事業登記證，毫無行為能力。必然是公司裡面有某個人，才會制訂這些規則。再往下推，找到這個制訂規則的人，就有可能改變規則。

公司不會定下付款要月結三十天的規則。定規則的人可能是財務經理，或是財務長，甚至總經理，或是另有其人。但無論如何，這個人就有改變規則的權力。找到這個人，就有跟他談改變規則的可能性。

❷ 改變這個規則的好處，有沒有大於遵循這個規則？

嚴格來說，規則也不會對公司有利，而是對公司裡面的某些人有利。所謂的裡面有些人，可能是股東，可能是某些員工。所以如果能夠跟定規則的人一起討論改變規則能夠對哪些人帶來大於遵守規則的效益，那麼這個規則就有可能被推翻。

比方說，客戶規定某個電子零件必須能夠在60℃到負30℃的溫度區間內正常運作，可是你手上的產品偏偏只能夠在40℃到負20℃之間。這時除了默默離開之外，另外的選項是問：為什麼要對這零件定出這麼嚴苛的規格？還有規格又是誰制定的？也許當你跟制定這個規格的人深入討論之後會發現，這個規格是延續上次的專案；而以這次的使用環境來說，根本不需要這麼高的規格。如果把規格規則改成我們的，成本就可以降低30％。這樣，也許對方就願意考慮我們的提案了。

以下是談判時常見的規則。建議你把它當成一個檢查清單，在談判的時候刻意用它來提醒自己，是不是不自覺的就被制約了？

- 雙方之前同意的規則。
- 過去的默契。
- 公司政策。
- 社會風俗文化。
- 法律。
- 期限。
- 合約。
- 能力。

你也許對最後一項的「能力」有些困惑。為什麼能力也是一種規則呢？因為能力也是一種限制條件，而凡是限制條件，就可以用規則的方式來處理。這一點會在後面的「規則帶來自由」中進一步詮釋。

❸ 需不需要引入新的規則？

還有些時候，你發現談判雙方的爭執反而是因為沒有規則所造成的，那就可以考慮引進新的規則。

客戶說你們的產品品質不夠好。這時候如果回他：「不會啦！我們品質其實真的很好。」這樣就弱了。更有效的方式是問他，所謂的「品質」是根據什麼標準來判定的呢？

這個判定品質的標準可能是某個業界標準，或是之前雙方同意的文件。這時如果能有客觀第三方的規則，對於打破僵局特別有幫助。

要引入新的規則通常也要引入新的人，這裡的「人」就是之前章節中所說的「P，player」。因為既有參與談判的人或是由於「習得性無能」，或是思考慣性，甚至是面子問題，未必能接受新的規則。加入新的人，則會加大適用新規則的可能性。

跟採購人員談判，對方說只要符合規格，便是最低價者得標，這是這案子的規則。如果要跟對方談長期的策略聯盟、共同行銷等，這些新的決策標準也許就不是採購人員所在乎的。這時候邀請關心公司全面、長期發展的高階主管參與，這個新的規則才能被重視。

所以要提醒的是，PARTS這些談判變數不是各自獨立。相反的，彼此之間有著複雜的連動關係。而我能夠給的就像是一張有系統的檢查表，讓大家更清楚的知道我們有哪些該考慮卻沒有考慮的因素，並思考這些因素能夠如何整合而為我們所用。

六 關於規則的進階思考：束縛帶來自由

通常認為規則會帶來束縛，但其實換個角度來看，束縛也可以帶來自由，談判中善用這樣的自由能帶來美好的效果。束縛和自由乍聽起來是矛盾的概念，但用婚姻來做例子就清楚了。

婚姻也許是人類各種形式關係當中涉及層面最廣的一種，包含了法律上權利義務彼此的分擔與代理，子女的撫養、財產的分配等等。但它的核心出發點，其實是對性行為定下的規則。結婚之後，你只能跟對方上床，這是束縛。但是另一方面，在婚姻關係裡面，只要對方同意（這是關鍵前提），你就可以跟對方上床而不會有任何麻煩，這是自由。

具體來說，結了婚的政治人物被抓到和配偶以外的對象去磨鐵開房間，即使在通姦除罪化的今天，那也絕對還是個醜聞。但是如果我們發現一個政治人物跟配偶都老夫老妻了還會去磨鐵開房間，那記者應該會想請他們分享維持婚姻浪漫跟激情的秘訣。

規則帶來的自由對談判的影響表現在兩個方面：

❶ 有了規則之後，就有名正言順不做什麼的自由

有個客戶一直要你把某張訂單的交期從原本的三個月變成一個月，但你卻不想這麼做。在這個狀況之下，最可能達成目標的方法，是證明你沒有能力。因為我真的沒有能力，所以我只能夠給你三個月的交期。這就是之前所說的，

能力也可以是規則，規則就是限制，而且有時很好用。

但重點是如何讓對方認為你真的沒有能力？這可以分成實和虛兩個方向。

你可以給他看生產排程明細表，證明產線真的全滿，完全沒可能插單。這是實。你也可以在他面前捶胸頓足說他是你最重要的客戶，只要做得到，過去有哪一次讓他失望的？只是這次真的沒辦法啦！這是虛。

有時候沒能力正是你的超能力。只要對方相信你沒能力，你就贏了。

2 有了規則之後，就只好全力以赴去做能做的事

說個大家都熟悉的成語典故，破釜沈舟。

當年項羽帶兵救援鉅鹿。軍隊渡河後他下令把渡河的船弄沉，打破煮飯的鍋子，燒掉駐紮的營地，只帶三天乾糧，表示打死不退的決心。最後終於打敗秦軍。

在這個故事裡，項羽加入新的規則來減少選項。沒了船和鍋子，也就沒了撤退這個選項，不能退就只好死命往前打。

雖然一般而言我們希望人生有更多選擇，但有時少一點選項未必不好。相信曾經和我一樣在大賣場面對數十種洗髮精而有選擇障礙的人，會同意這個看法。

曾經有個心理實驗，是讓受測者對所吃的巧克力味道評分。第一組吃三種巧克力，然後請他們針對其中風味最好的給分數。第二組給他們十幾種巧克力，其中也包含第一組吃的那三種，然後一樣請他們從裡面選出風味最好的給分。實驗結果顯示，雖然實驗的巧克力價位、品質都差不多，但第一組給的評分遠高於第二組。換句話說有選擇是好的，但是，太多的選擇反而會讓你對選擇後的結果不那麼滿意。這也許某種程度可以說明為什麼有些男神女神等級的人物，最後婚姻卻未必美滿吧？

選擇少，只能努力做好能做的。巧克力選擇不多，就認真品嚐風味的美好；接受沒有比身邊這個更好的人了，就努力經營彼此的關係；沒有退路的士兵，就拼命往前衝。

七 規則的「開」與「關」

但是在結束前，還有一個問題，一個重要的問題：如果我想解脫束縛，該怎麼辦？也就是我想從原本「因受限帶來的自由」，又再次轉變成「不受限的自由」呢？

原本因為客戶訂單的利潤不好，不想排在這麼前面生產，但是因為現在其他的客戶抽單，產能空出來了怎麼辦？

關於規則最重要的觀念還是那句話：規則只是個目前的限制條件，不是真理。所以規則可以開，規則也就可以關。比方可以跟客戶說那天開生產會議，總經理聽到我給你們的交期之後當場大怒。爆氣的斥責我們說，這麼重要的客戶怎麼能夠給這樣的交期？所以我們就把當下其他的單都推開，以你為第一優先。這麼做一樣是引入一個新的人、導入一條新的規則。

所以規則「開」有開的原因，「關」有關的道理，只要言之成理，同時不忘搭配其他變數服用，就有強大的功效。

八 結語

跟人生一樣，談判關鍵的智慧，是分辨什麼是可改變的、什麼是不可改變的。

跟人生不一樣的是，人生最終的目究竟是什麼，可能窮一輩子的探尋也沒有答案，但是談判的目的很明確，而且也必須明確。

看出所依循的只是規則而不是真理，需要跳脫既有框架的視角，也需要練習。規則會帶來束縛，但是規則也會帶來自由。

規則影響談判結果，把規則的開關跟其他變數整合運用，將會帶來極大的效益。

重點回顧

1. 談判的規則：
   (1) 談判的限制條件，影響了談判的可能結果。
   (2) 談判時，雙方都會有意識或無意識的遵循某些規則。
   (3) 遵循規則，談判的結果就會被制約在某個範圍。
   (4) 改變規則，談判就有新的可能。
2. 談判時要先確定哪些規則是「不可變」？哪些又是「可變」？並在談判過程中，視資訊和資源的變化，檢視這些「可變」和「不可變」的改變。
3. 面對規則必備的兩態度：
   (1) 看出所依循的規則。
   (2) 認知規則只是目前的限制，而不是不可改變的真理。
4. 處理規則必問的三問題：

(1) 這規則誰定的？
(2) 改變這個規則的好處有沒有大於遵循這個規則？
(3) 需不需要引入新的規則？

5. 規則帶來束縛，束縛也可以帶來自由。

6. 規則可以「開」，規則也可以「關」。

12 桌上永遠不要只有一道菜

——多元才容易雙贏

案例

你是熱愛烹飪的爸爸或媽媽，你烤了一隻全雞給你的兩個孩子當晚餐（爸媽自己不吃，因為在節食減肥）。請問這隻雞怎麼分比較好？

動動腦

1. 最直覺的分法就是一人一半，但是這樣真的是最好的分法嗎？

2. 分雞時，應該考慮哪些因素？

案例

假設你是很急著想拿下訂單的業務，要賣一套設備給客戶。談到最後的階段，你要賣一百五十萬元，客戶堅持只出一百三十萬，請問這二十萬的價差又該怎麼處理？

動動腦

1. 如果客戶後來提議二十萬的價差一人吸收一半，也就是一百四十萬元成交，你可以接受嗎？
2. 處理這種價格差距時，該考慮哪些因素？有什麼策略？

一 戰略與戰術

之前的章節已經談完了PAR，所以這篇要談S，subject，也就是談判的議題。

你說休蛋幾勒！按照PARS的順序，這一篇應該是T出場才對啊！為什麼先談S呢？

其實在本書一開始就有說明過這事了，不過要你再翻回前面找原因太麻煩了，我就大發慈悲的在這裡再告訴你一次吧！而且，說得更清楚一些。

先談S再談T是因為PARS這四個變數都是屬於戰略變數，而T是戰術變數。

戰略是大方向的佈局，戰術則是交戰的執行。第二次世界大戰的時候，盟軍要在哪裡登陸歐洲，這是戰略的決定。但是一旦決定在諾曼第登陸之後，怎麼拿下諾曼第就是屬於戰術性的考量。

戰略跟戰術的分界有時候不完全明確，但一定是大方向決定之後再來規劃執行細節。所以我們把T放在PARS之後討論。而且，在談T的時候還會用到S的觀念。

二 桌上永遠不要只有一道菜

談判都說要雙贏，但其實雙贏有一個非常關鍵的前提，就是桌上不能只有一道菜。

為什麼桌上不能只有一道菜？回到談判雙贏最根本的條件，就是價值認知的差異。相同的東西在雙方眼中價值不一樣，那麼就可以透過交換，讓彼此都更滿意。前面談過的用迴紋針最後換到房子的案例，就是經由交換創造價值的最好說明。

既然價值認知差異是雙贏的基礎，那麼放進談判裡面談的東西越多，雙方價值認知的差異就可能越大。比方說，如果我們現在談判的焦點只有價格，也就是只有錢，那麼除非一個愛錢的剛好碰到另外一個不愛錢的，否則要談到雙方都開心很難。這是「你的得就是我的失」的零和賽局。

但是如果除了價格之外，還把品味也放進來就不一樣了。可能有一個比較在乎價格，另外一個更在乎品味，那麼雙方各取所需的可能性便大幅提高。這個放進談判裡來談的「東西」，就是談判的「議題」。

談判時，將議題多元化是雙贏的開始。議題越多價值認知差異可能性越大，雙贏機會也越大。相反的，單一議題通常都會成為零和賽局。

三　多元化議題的結構

為了讓大家更容易了解多元化議題，這裡整理出幾個常用的議題結構。用意是提醒大家，談判時對方可能在哪些領域和我們有價值認知的差異。

❶ 成本、規格、時效

學過專案管理的讀者，看到這裡應該很親切。因為成本（cost）、規格

（specification）、時效（time）就是專案管理的「三重限制」，這三者通常有取捨的關係。

想要成本低，就要在規格或時效上妥協。想要規格高好，就要多付錢或多給時間。想要快一點，要不多付錢，或者規格就要打點折扣。「慢功出細活」這句話不是隨便說說的。

❷ 安全、便利、成本

這個分類特別適合用在資訊類型專案的談判。想要一個資訊系統安全，通常要付出使用者比較不便利的代價。使用便利又安全的系統，通常成本就高。低成本建構的資訊系統，你也不能期待它多安全好用。

「小孩子才做選擇，我全都要」這句話只是鄉民在網路上講講而已啦！真實的世界，大人才是要學會取捨。

❸ 個人、組織

在之前的章節中談過，個人的利益和組織的利益不見得一致。所以組織的利益談不攏的時候，加入個人利益也可能是轉機。看到這裡，你一定認為我指的是檯面下那些不好見光的事。

你可能是對的。那些不見光事就是藉著加入新議題來影響談判，而且有時還真管用。

但你也可能是錯的。個人的利益也不一定就是收回扣之類的。成就感、責任心，甚至覺得被尊重，都可能帶來完全不同的談判結果。

多年前我和老婆去阿里山玩。住的民宿附近不好停車，所以車停得非常遠，是民宿老闆開車來停車的地方接我們到民宿。入住後我們想去買點東西，沒有交通工具，好心又大方的老闆就把他的機車借我們騎。

可是拿到車時我們發現機車的置物箱中只有一頂安全帽，但想說在山裡面應該無所謂吧！所以安全帽老婆戴，我就光著頭上路。不料騎沒多久，在偏僻無人的山路邊竟然出現一位警察。我在猶豫要不要停下來，但是一樣的想法：山裡面應該無所謂吧！就繼續往前騎。到了警察前面就被攔下來，吃了罰單。

這位警察說：「這罰單不是罰你沒戴安全帽，是罰你不尊重警察。你看到我就應該下車用牽的吧？至少等離我遠一點再騎啊！」那張罰單我收得心甘情願。誰叫我白目呢？

公事公辦不管用的時候，加上個人情感（或實質好處）的訴求，也有可能扭轉戰局。

❹ 面子、裡子

有些人，特別有些男人，明明是月光族，卻還要在朋友聚餐時當大哥，搶買單。我們替他們覺得不值，他們卻認為錢再賺就有了，氣勢不能輸。

有些人愛面子，有些人愛裡子。而愛面子的人往往為了一時的面子，付出裡子；而要裡子不要面子的人，激將法對他們就沒用。

只要投其所好，人其實很容易被左右的。

❺ 短期、長期

在我的一個顧問案中，曾有我的客戶因為部門一位同仁的問題而很困擾。左右為難，不知道該怎麼處理。

「你打算活多久？」我問。

「大概八十幾歲吧！怎麼問這個問題？」客戶問。

「所以你現在生活中做的決定，大致上也是以活到八十多歲為基準，對吧？」

「是啊！」

「那麼你在思考現在遇到的這個問題時，是以在公司再待多久為基準呢？」

「還真的沒想過呢！」

「如果要你現在給一個時間呢？」

「不確定，先看五年吧！」

「那如果以五年的時間來看現在這件事情，你會怎麼決定呢？」我問。

「喔！我知道該怎麼做了。」他開心的說。

時間軸就像鏡頭的焦距。不同的焦距，會看到完全不同的樣貌。

談判如人生。現在天大的事，日後看來也許只是小菜一碟；相反的，眼前的小事，說不定日後會釀出大禍。

客戶砍你價格，為的是眼前的利益。但如果你說這樣下去你的公司會倒，客戶就要認真想想，他真的喜歡沒有你這家忠心不二的 second source 供應商（第二家供應商），只剩下一家供應商獨大的世界嗎？又比方有些投資型的金融商品賣的是日後的美好退休生活；而相對的，保險賣的則是以後可能有的災難。

成功的談判者會像優秀的攝影師一樣，引導對手適當的切換視角，看到有吸引力的不同風貌。

四 比價格更重要的事

商務談判常聚焦在價格。但就如前面所說，只看價格這個單一議題，會讓談判成為零和賽局，很容易談僵。錢很重要，但是錢永遠不是最重要。除了價格之外，加入以下議題對談判的雙贏會大有幫助：

❶ 信任

安心無價。開車的人都知道車子做保養，原廠比外廠貴一倍以上。那為什麼還要去原廠？只為兩個字：「安心」。只要能建立對方對我們的信任，價格就可能成為相對不重要的因素。那要怎麼建立信任呢？這可以分成兩個方向：過去和當下。

① 過去

決定信任的基本條件就是過去的紀錄。我們相信人類的行為有延續性，而人類的行為多數也的確有延續性。如果你是個信用良好的人，那恭喜你！在談判時你已經擁有贏在起跑點的優勢。所以回不去的瑞凡跟安真很難談啊！

② 當下

人類是個奇怪的動物，我們一方面重視過往長期的紀錄，但又會依據當下一些不客觀的訊息來判斷對方可不可靠。所以在談判時，「操弄」對方的信任是有效的談判技巧。

看到「操弄」這兩個字可能讓你不舒服，但是我必須很抱歉的說，這就是現實的殘酷，就是有很多不厚道的人這麼做。這部分的探討我會放在「T，tactic」的章節。那時候我會跟大家分享「黑魔法防禦術」。我們不害人，但也要學會自保不被害。

❷ 退貨的權利

可視為信任議題的變化型。最經典的例子就是網路購物，貨到七日內無條件退貨。少了這個條件，我相信很多人對網路購物會非常猶豫。

❸ 穩定的關係

一樣可視為信任議題的變化型。都說婚姻是愛情的墳場，為什麼還有那麼多人前仆後繼呢？也許穩定帶來的安全感是重要原因之一吧！

怕匯率波動對利潤造成衝擊，可以使用遠期外匯避險；怕供貨不穩定，可以簽定長期購買合約。這些操作都可能增加成本，但卻可以使得經營環境容易預測，進而提高營運績效。

❹ 保固及售後服務

網路上流傳一個「微」笑話：「買車不難養車難，而我兩難。」一句話說出售後服務的重要。

買商品買的是商品帶來的效用。有些商品沒有適當的維護，功能就不能正常發揮，效用就歸零，比方像車子。而且有些商品的售後服務成本很高，以車子來說，有人統計如果買一輛車花了一百萬元，開到這車子報廢為止，還要再另外再投入一百萬。所以對車子這類高維護成本的商品，售後服務及保固就是重要的談判議題。

對賣方而言，把售後服務及保固放入談判有個明顯的資訊優勢。除非你很懂車，否則絕大多數的人對於保養廠的說明都是一知半解。該不該修？該不該換？只要聽到和安全有關，多數人也就乖乖照辦，所以這是個有大幅認知價值落差的領域。賣方可能只要付出極低的成本，就能讓買方感受到很高的價值。

買方也不用因此覺得委曲。價值本就是主觀的，在不欺不騙的前提下，雙方開心就好。有貴婦去精算名牌包的物料和加工成本，然後抱怨包賣太貴嗎？沒有嘛！

❺ 所有權的歸屬：買或租

曾有業務人員建議我的公司不要買車，而改用租的。他列舉了許多公司租車的好處，而多數我也認同，雖然最後我還是用買的。

有時候客戶不是沒有錢，只是現在沒有足夠的錢，但以後會有，或是現在有錢但不想這樣花。這時把「買」改成「租」，可能就是解決方案。

買和租的本質差別是物品所有權的歸屬，並連帶會產生一些會計費用認列以及稅務的影響，這部分我就不多說了。反正想喝牛奶不用自己養乳牛，只買使用權而不買所有權，會增加許多選項。

❻ 付款方式

價錢高低是一回事，怎麼付錢又是另一回事。每筆資金的成本可能不一樣，每個人的資金成本更可能不一樣。資金成本的差異，有時在商務談判中會成為決定性的因素。

比方說，你跟客戶說如果他願意付現，就給他五％的折扣。請問他會答應嗎？答案當然是不一定。

我認識一個朋友身價過二十億卻仍然租房子。當然，他租的不是普通房子，而是月租二十多萬元的豪宅。當然，他也絕不是買不起房子，只是他認為錢拿來投資比放在房子報酬率更高。

所以對我這位投資績效很好的朋友而言，要他提早付錢除非給的誘因很高，否則他寧可讓錢在自己的手上留久一點，這樣賺更多。

但如果是一個手頭現金很多的客戶，他比較現在的銀行利率，認為現金與其放在銀行生那一點點的利息，不如拿來付貨款，現賺五％，所以對這個提早付款的條件就欣然接受了。

而對一個欠地下錢莊錢的老闆，能夠晚付款好多些資金周轉的時間，可能比貨品的價格更重要得多。

7 執行服務的人選

這一點比較不容易理解。說個我的故事吧！

我擔任一家上櫃電子公司業務副總兼執行副總時，有一天跟一位日本客戶見面，他是為了他們公司一個高度客製化的專案來台灣找供應商。在跟我們洽談之前，他事實上已經跟另外一家規模比我們大十倍的同行談過了。

一見面他就很直接的問：另一家同行規模比我們大十倍、知名度更高，產品線跟我們幾乎重疊，他有什麼理由要跟我們做，而不找那一家？

請問是你會怎麼回答呢？

我想「價錢會比較便宜」是很可能出現的答案，但是我並沒有在價格上讓步。相反的，我說：「另外一家公司規模的確比我們來得大。所以如果這個案子交給他們做，我估計就是一個專案經理從頭做到完；但是如果跟我們合作的話，我這個業務兼執行副總就是你的專案經理。你這個案子不是標準規格，有很多地方要客製化，交期又短，金額也沒多大。說實話我是看在未來長期合作的潛力才接。由我來推動這樣難搞的案子，我的位階可以讓不同的有效部門合作，迅速整合各種資源。」

經過我的分析，最後客戶選擇了我們公司。這個案例裡，我加入的議題就是「我」，因為由我這個副總來做和別人來做，結果會不同。

五 議題的料理

要談得好，桌上不但不能只有一道菜，而且還要道道精彩。做菜有煎、煮、炒、炸四種基本手法，料理談判議題也有兩種：「切割」和「掛勾」。

❶ 切割

切割，就是把談判以我們剛剛前面提到的架構一路往下細分，而且要分到很細。在我的商務談判課程當中，通常我會請學員將一個談判當中可能包含的議題細分到三十個以上。很多學員聽到三十個議題，一開始的反應都是怎麼可能？但是經過我的說明跟適當運用工具之後，多數都能夠順利完成任務，所以我相信正在閱讀這篇文章的你一定也可以。讓我們談談其中的兩個問題吧！

①為什麼要分到三十個議題？

發展好的談判方案很吃創意。創意發想有個重要的原則：先求有，再求好。換句話說，在創意初期要先充分運用「發散思考」，也就是別考慮這個想法有沒有用？可不可能？有了想法後，再以其他手法把原本看起來沒價值的想法，培養成一個真正的好點子。

所以三十這個目標就是逼團隊天馬行空發想出足夠的「量」，這時完全不用考慮能不能用？有沒有價值？總而言之，想到什麼寫下來就是了。

另外，我們在談判的最後會進入「收尾」的階段，而收尾的時候通常需要給對方一點最後的好處，我稱之為「小惠」。這個「小惠」從哪裡來？一樣要從切割後的小議題裡面去尋找。小惠的觀念及如何運用，這裡先不討論，後續的篇幅會再詳細說明。但是切割這個步驟，是做好談判收尾的重要基礎。

②切割的工具

以我的經驗，拿來切割議題最好用的工具，就是很多人可能也都熟悉的「心智圖」。操作的順序是把談判的主題寫在正中間，然後逐層的展開。第一層的大標題，可以參考前面提到的分解結構。下頁的心智圖便是給大家參考的範例。坊間有一些繪製心智圖的軟體可以使用，很方便。但更方便的是拿一張紙，放鬆心情，在紙上盡情發揮你的想像力。先求有，再求好。

❷掛勾

掛勾，就是把兩個原本不相關的議題，放在一起談。意思就是你要A，那就請也收下B。如果你不喜歡A加B，我也許可以把B換成C，但就是不讓你

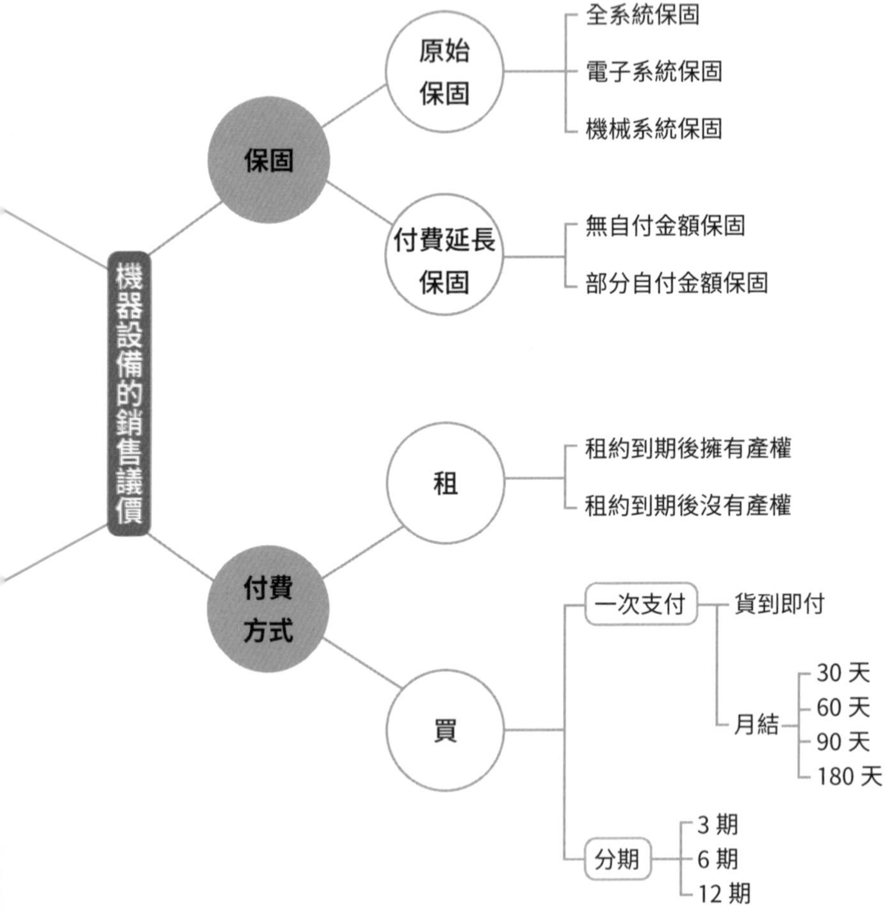
機器設備的銷售議價
保固
原始保固
全系統保固
電子系統保固
機械系統保固
付費延長保固
無自付金額保固
部分自付金額保固
付費方式
租
租約到期後擁有產權
租約到期後沒有產權
買
一次支付
貨到即付
月結
30 天
60 天
90 天
180 天
分期
3 期
6 期
12 期

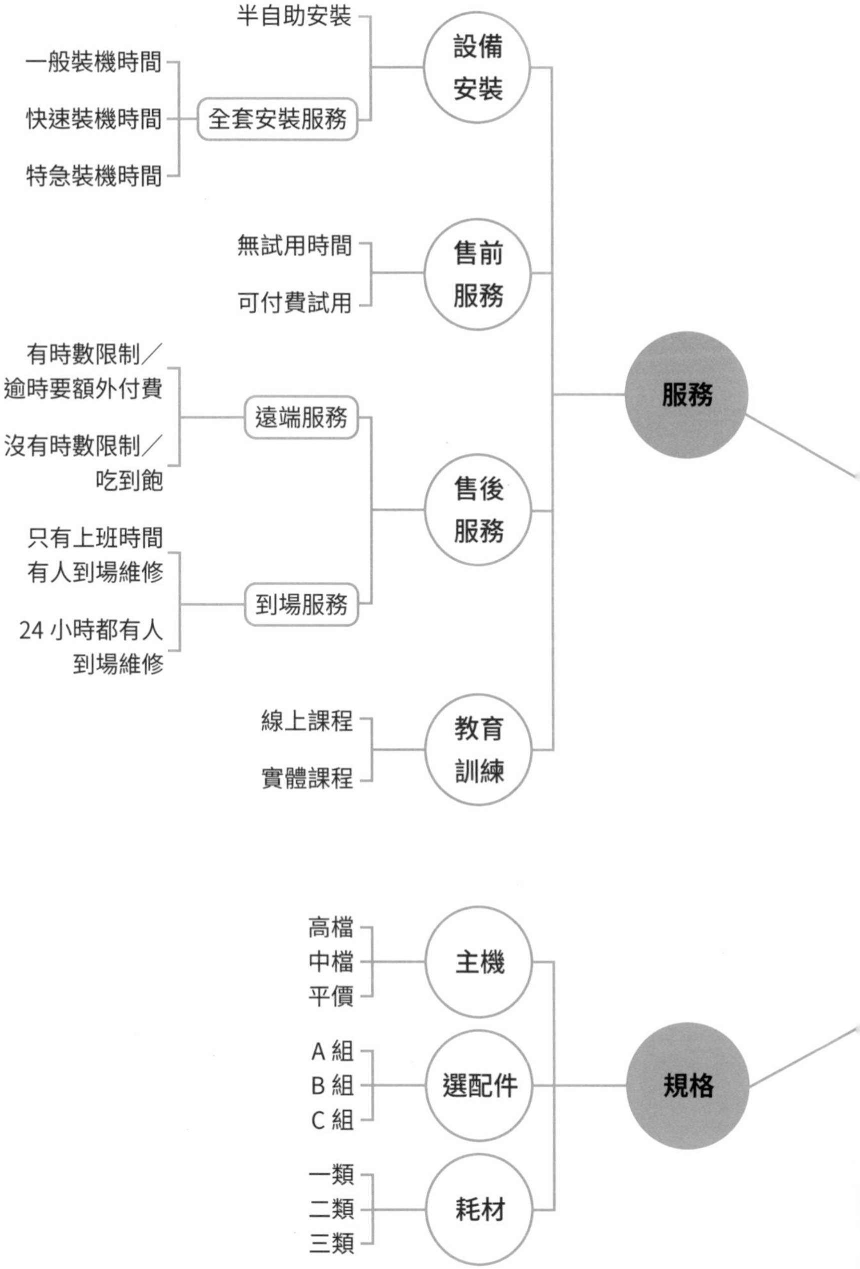

機器設備銷售議價心智圖

只拿A。

掛勾也有兩個掛法：一個是現在和現在掛，另一個是現在和未來掛。其實這種掛勾手法生活當中幾乎每天都會遇到，只是我們可能沒有覺察這種手法在談判當中一樣好用。

(1)現在和現在掛：「如果您一次買兩瓶護膚精華乳，我們就再送您一罐特級美顏霜。」

(2)現在和未來掛：「您再消費五百元，累積就達到六千元，那我們就再送您一千元的折價卷，九月底之前來消費都可以抵用。」

六 所以到底雞要怎麼分？價差要如何處理？

綜合以上所說，回到本章最初的案例。那雞和錢到底要怎麼分才是高手呢？先來分雞。雞要分得好，首先是不能只有「雞」這個單一議題。如果「雞」只是「雞」，那最好的方法只能是把這隻雞盡可能公平的分成兩半。

所以先來議題的切割。一隻雞至少有幾種切割方法：它可以分成雞肉跟雞皮，也可以分成雞胸加雞腿加其他部位。

而這兩個孩子，說不定有可能一個喜歡吃雞皮，一個喜歡吃雞肉（吃雞皮健不健康，這又是另一個故事了）。也有可能一個孩子喜歡吃雞腿，另外一個孩子喜歡吃雞胸。那麼這兩個孩子就可以各取所需，皆大歡喜了。

再來分錢。解決那二十萬價差最好的方法應該不是各讓十萬。考慮把售後服務、付款條件、還有其他多元的議題放進來，說不定能柳暗花明又一村。

真正的雙贏是一種得到自己想要的感覺，而不是均分。

重點回顧

1. 戰略是大方向的佈局，戰術則是交戰的執行。大方向決定之後再來規劃執行細節。
2. 談判雙贏的關鍵前提：多元化議題。
3. 價值認知差異是雙贏的基礎。放進談判的東西越多，雙方價值認知差異的可能性越大。
4. 多元化議題時，可參考的架構：
   (1) 成本、規格、時效。
   (2) 安全、便利、成本。
   (3) 個人、組織。
   (4) 面子、裡子。
   (5) 短期、長期。
5. 商務談判常聚焦在價格。但是錢很重要，錢卻永遠不是最重要。以下是可能比價格更重要的事：

(1) 信任。

(2) 退貨的權利。

(3) 穩定的關係。

(4) 保固及售後服務。

(5) 所有權的歸屬：買或租。

(6) 付款方式。

(7) 執行服務的人選。

6. 處理議料有以下手法：

(1) 切割：用心智圖，盡量切割到三十個議題以上。

(2) 掛勾：

・現在和現在掛。

・現在和未來掛。

13 不能改變事實就換個說法！

——談判心理戰術之「迷霧篇」

案例

據說清朝名臣曾國藩討伐太平天國初期，戰事不順，一直吃敗戰。實在撐不住了，就寫奏摺向朝廷討救兵。他寫說因為這些賊人實在太凶猛了，臣「屢戰屢敗」，所以要請求支援。

他的幕僚看了奏摺內容覺得很不妥，這送上去會被狠狠打臉。就建議他改成「屢敗屢戰」。曾先生看了之後，大為佩服。認為改得太好了！

動動腦

1. 「屢戰屢敗」和「屢敗屢戰」描述的戰場狀況一樣嗎？為什麼？
2. 「屢戰屢敗」和「屢敗屢戰」給人的感受一樣嗎？為什麼？
3. 生活中有什麼例子，是同樣事情換個說法就給人不同感受的嗎？

一 假的！你的眼睛業障重，腦袋也是啦！

前面的章節已經談過了戰略性的談判變數 PARS。這篇要進入T了，也就是談判的 tactic，戰術。先來看兩張圖和兩個故事。

請問下頁上圖中，左邊和右邊，哪一個深色的圓形比較大？

我相信訓練有素的你會說一樣大，雖然我們實在覺得右邊的看起來比較大。

接下來再請問下頁下圖中，左邊的A段線條和右邊的B段線條，哪一個比較長？

你說怎麼還來？當然還是一樣長！

很抱歉！這次你錯了。是左邊的A段比較長。不信請自己用尺量看看。我知道你已經玩過太多這種錯覺遊戲了，所以正是運用你的自信來誤導你。

我有抓到你嗎？

不管有沒有都不重要！重要的是，請接受：「我們看見的不見得正確」這個現實。

再來看兩個故事。

請問以下A、B兩個社會案件，哪一個發生的機會比較大？

1. 小明的婚姻似乎很美滿，但他殺了他老婆。

2. 小明的婚姻似乎很美滿，但他為了取得遺產，殺了他老婆。

請問你選哪一個呢？

我相信很多人會選B，但其實是A發生的可能性更大。

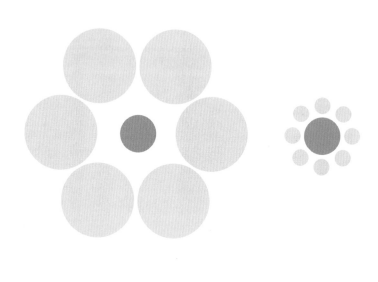

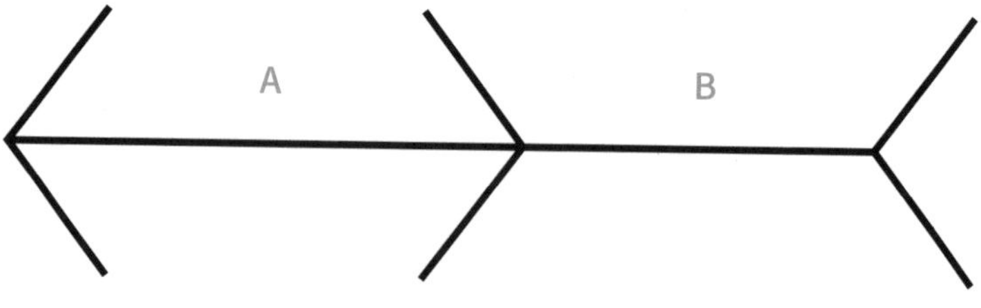
A
B

為什麼？因為老公殺老婆的原因有很多。可能是因為被綠了，或者是不小心的過失，比方倒車時誤踩油門，撞死在車後的老婆。或者是一個悲傷的故事，老公因為不忍老婆長期臥病，受盡折磨，所以寧可自己坐牢，也要幫助老婆安樂死。當然也有可能真的是為了遺產，但不管怎麼說，老公殺老婆有許許多多可能的動機（這也是為什麼推理劇中，只要老婆死了，老公通常都有重大嫌疑。呵呵）。為了遺產只是殺老婆的可能動機之一，所以B的條件更為嚴苛，發生的機會也更小。

那為什麼多數人選B呢？因為B有故事、有解釋。人類的大腦喜歡故事，喜歡解釋。我們寧可接受「聽起來」合理的結論，而懶得去深入分析，得到更正確的結論。

再舉一個例子。

1. 小花這個年輕人，非常聰明、又認真、又負責、又努力，以後一定會很有錢。
2. 小草這個年輕人以後一定會很有錢。

請問哪一個敘述成立的可能性更大呢？經過前一個案例的磨練，相信這次你該會選B了。恭喜你答對了！沒錯！的確是B。

因為一個人要非常聰明、認真、負責、努力就已經夠難了，但即使這樣，符合這些條件的人，最後可能還是沒什麼錢。所以如果還要加上很有錢，那這些條件全部都要成立，真的難。

但是不管小草笨不笨、懶不懶、是不是負責、是不是努力，只要他每期大樂透都買，或是用力找個讓他可以不用努力的阿姨，說不定他有一天還是可以很有錢，所以條件相對寬鬆許多。

我的意思是小花一樣可以買大樂透，一樣可以找阿姨讓他不用再努力，但是世界上要存在一個符合小花條件的人，比小草困難得多。儘管我們會認為、甚至希望，小花比小草有錢是合理的。

上面這一則故事告訴我們：「我們想的不見得對。」

二 戰術：換個說法，就可能得到我們要的結果

上述這些我們自以為是，偏偏又似是而非的現象，在談判裡面會起巨大的作用。運用得當的人，可以藉此得到想要的利益；被其所困的人，則可能有重大損失。

影響談判結果的變數可以分成兩大類：戰略與戰術。PARS都是戰略變數，他們影響大結構面的談判動向。而從這一篇開始要用一些篇幅，陸續分析談判的戰術面。

戰略是實質改變某些事情，不管是談判的人、籌碼、規則，或者是議題。但是戰術在談判的世界裡具體來說就是「換個說法」。同樣一件事情，用一種說法會吃閉門羹，但只要換個說法，對方可能就會點頭。而一切的關鍵，就在於以下這句話：

決定人類行為的不是事實，而是認知。

白話文就是：到底發生了什麼事情沒那麼重要，你認為發生了什麼事情，

還有你怎麼看待這些事情才是重點。

我是不是好人不重要，重要的是你認不認為我是好人。因為是你的這個「認為」，決定了你和我的關係。

這個價格合不合理不重要，重要的是你認為合不合理。因為你的「認為」，決定了你買或不買。

你說「路遙知馬力，日久見人心。」，長遠來說真誠和實力才是硬道理啦！這一點我完全認同。但是如果：

你是好人、你的價格合理，而對方卻誤會你呢？

你要給對方的明明會對他好，但他卻因為錯誤的認知而拒絕呢？

這時候我們就必須了解、運用這些心理戰術，才能找回談判的初衷：「透過溝通，讓彼此的生活變得更美好。」

所以接下來要探討的就是以不改變事情本質為前提，卻透過改變談判對手的認知來改變談判結果。這些不改變

三面向	製造迷霧、消除迷霧、維持迷霧
四領域	比較、好感、互惠、一致

事實卻能改變對方認知的手法統稱為「心理戰術」。在我的談判系統裡，我將心理戰術整理為三面向四領域，先簡要列如下表。

而這一篇我們要先討論心理戰術的三面向。製造迷霧、消除迷霧、維持迷霧。

三 迷霧：造成事實和認知落差的干擾

造成認知和事實有落差的原因很多，重要的其中之一是兩者之間有屏障，而屏障造成了干擾。為了方便，我稱這樣的屏障為「迷霧」。既然決定行為的是認知，不是事實，事實和認知之間又隔了一層迷霧。所以，操控迷霧，就可以影響認知。

操控迷霧基本上有三個面向：製造迷霧，消除迷霧，以及維持迷霧。

❶ 製造迷霧

你用哪一家電信公司的服務呢？你知道自己用的是不是最經濟實惠的方案嗎？我不知道你知不知道，但是我不知道。也許是我太傻太天真，但是我更懷疑是電信公司們聯手把我弄糊塗的，雖然我沒有證據。

以前在外商資訊公司當業務時，前輩教我們「If you can not convince customers, then you just confuse them.」（如果你不能說服客戶，那就想辦法迷惑客戶）。當認為自己的方案不夠說服力時，就想辦法灌一些高大上的名詞，什麼「災難復原」、「企業永續營運」、「商業智能」之類的。讓客戶聽得頭昏腦脹，然後又覺得他聽不懂的東西很重要，最後就有可能乖乖付錢了。

我承認這是賤招，但它有時真的有效。而我深深認為，電信公司們就是玩同一招。

電信服務是競爭激烈的行業，因為提供的服務不容易有差異，所以消費者愛比價，會比價，也容易因為一點價差就琵琶別抱。但是當方案複雜的時候，消費者就不容易判斷了。現在電信業者推出的方案都牽涉到很多因素，綁什麼手機？綁多久？語音有多少免費時數？數據流量多少？是不是吃到飽？流量有限制的話，超過上限會不會降速？網內互打有什麼方案？再加上買A送B，或者不定期的促銷方案等，總而言之讓人眼花繚亂。究竟以自己的使用狀況什麼方案最划算，我真的搞不清楚。說實話，對於像我這種還負擔得起一些電話費的人士來說，只能相信在業者相互競爭下，即使隨便買也不會吃大虧，然後挑一個看起來還順眼的，隨便就給他簽下去了。

製造迷霧有時候是律師在談判時最大的功用。對方律師先滿嘴法律術語的跟你說半個小時，再丟出厚達幾十頁的合約，然後很多人可能就進入資訊過載而系統崩潰的狀態了。

所以迷霧如果夠深夠濃夠厚，就有可能瓦解對方理性分析的能力或者是意願。換個說法，會增加對方取得真相的成本。這個時候只要談判涉及的利益沒有大到讓對方覺得非搞清楚真相不可（就像我的手機資費方案），對方就可能便宜行事做決定，只要這個決策「看起來」還可以就好。

❷ 消除迷霧

消除迷霧有兩種基本策略：視覺化和資訊分享。

① 視覺化

多年前看到一則新聞，有人買房子是用車子載現金去買的。我不確定這是不是建設公司的噱頭，但是如果認真分析，用現金買房子有什麼好處呢？

當你把滿滿的現金放在賣家面前，這證明你很想買、也買得起。所以賣方對於你買房子的能力跟意願，就不用再花時間猜測了，可以直接進入議價而不用擔心浪費時間。

這麼戲劇化的場面，我們大概都沒有機會親眼見識。但是生活當中，如果你曾經透過仲介買房子，那我們其實都經歷過類似的狀況。

當我們看上一棟房子之後，除非你有錢到可以任性，把買房當作買菜，否則買房子沒有不和賣方砍價的。這時候就會進入斡旋的階段。斡旋的方式通常有兩種，第一種是付斡旋金，第二種是簽一份要約書。

我沒有買過豪宅，只是市井小民。買房億來億去的讀者們請不要見笑。以下是我的購屋經驗分享。

如果你出價一千萬元想要買一棟房，仲介會要你付十萬元現金的斡旋金，或者是簽一份要約書，兩者都是向賣方表示你買房子的誠意。因為如果你出的價錢對方同意了，而你後來又反悔，那麼十萬元的斡旋金就會為對方沒收，作為你違背承諾的處罰。如果你簽的是要約書，而同樣的出價後又反悔，那麼對方依法可以跟你要求出價金額三％的罰款，也就是三十萬。

從金額上來看，簽要約書在法律上的責任比付斡旋金高了三倍，理論上是更有力的保證。但是在我的經驗裡面，仲介都建議直接拿出十萬的現金，讓他們放在賣方的面前。為什麼呢？我得到的解釋是看得到的比較有震撼力，而且現在掏出來的十萬現金，比未來的三十萬，更有說服力。

拿出現金就是用視覺化來排除迷霧。

② 資訊分享

換個角度說，排除迷霧的目的是建立基本的信任。這個「基本」的信任沒有辦法讓雙方直接達成協議，但是可以讓雙方展開有效對話。

排除迷霧的方法除用視覺化的震撼效果，直擊對方靈魂深處之外，還有一個常用的方法叫做「裸妝上鏡」。也就是對談判對手不加掩飾，反而刻意揭露己方資訊，以建立信任。

我在電子業工作的時候常接ＯＤＭ的案子，也就是客戶開出規格，要我們按照規格生產出成品，然後賣給他們。這種生意成本當然是關鍵，而當跟客戶談價格的時候，我們往往最後有一招殺手鐧叫「攤ＢＯＭ表談」。

所謂的ＢＯＭ表，就是「bill of materials」的意思，也就是製造這個產品的物料清單。「攤ＢＯＭ表談」就是跟客戶說我做你這個產品，總共要用哪些料件？每顆料我現在買的成本是多少？再加上加工費，這就是我的成本。所以親愛的客戶，你現在打算讓我賺多少？你自己說吧！

買方永遠覺得賣方賺太多，所以當我們用這種方式跟賣方談的時候，基本上就是把自己的脖子放到客戶的刀下了。我都對你毫無遮掩了，你也不能夠下手太狠吧？除非你真的不想跟我做了。

這種情況之下，雙方成交的可能性會大幅提高。

但是客戶想讓你賺多少，你就真的只能賺那麼多嗎？比方客戶打算讓你有5%的毛利率，你之後真的就只有五%的毛利率嗎？當然不是！「裸妝」並不是真的不化妝，只是化了讓人看不出來。「攤BOM表」的目的，一樣也是賺的要讓客戶看不出來。

眉角的關鍵在於一句話：「赤字接單，黑字出貨」。也就是即使接單時虧錢，出貨時都還賺錢。因為接單時的物料成本、加工成本都是以當時的價格報給買方。但是物料成本可能隨著採購量變大而單價變低，加工成本則可能因為工廠的學習曲線，隨著出貨量變大也降低。所以一開始只能夠賺三%，但是當出貨量大到一定程度之後，說不定利潤可以加倍甚至更多。我是不是不小心說出了某大手機代工集團的商業秘密呢？

你說客戶又不是笨蛋，成本降低之後他又會來砍價。你又是對的！但那是另一個故事了，至少到目前為止我們做成了一單賺錢的生意。

❸ 維持迷霧

當雙方各懷鬼胎的時候，心照不宣，不要說破，更有助於達成談判的協議。有錢色阿伯和年輕的美眉在一起。阿伯說我喜歡美眉的純真善良，美眉則說我欣賞阿伯的成熟智慧。如果阿伯說我喜歡的是青春的肉體，美眉說我要的是錢，這故事就不美，也不好演下去了。

銷售談判的時候，採購跟業務說我們價格就停在這裡，我老闆有意見的話你也不要再降價。這時候聰明的業務就不要再問為什麼了。人家自有安排。

國王的新衣是一個有趣又發人深省的故事，但它只是個故事。故事沒有說那個指出國王沒有穿衣服的孩子後來怎麼了，我們祝他平安。而如果說國王沒穿衣服的是大臣，那他的下場更需要我們為他禱告了。

國王沒穿新衣，國王只穿了迷霧。而有時，讓國王繼續穿著迷霧，一直穿下去，對大家都好。

不過倒也不用把世界想得這麼黑暗。有時候維持迷霧有它積極正面的用意。

就像之前篇章談到的，談判之所以能夠雙贏，是因為對於談判議題的價值認知差異，青菜蘿蔔各有所好嘛！你要的是品味，我要的是錢，那麼我們雙方就很容易達到各取所需的雙贏。所以當雙方的價值認知有差異，這就是建設性的迷霧。這時候不但不要戳破，而且還要加強。

就像品味。當你知道對方在乎品味，最好的作法就是強化他對品味的信仰，並且把品味的詮釋引導到有利於我方談判目的的方向，即使你對他的品味真的不敢苟同啊！

四 屢戰屢敗和屢敗屢戰

最後再回到一開始曾國藩的案例。屢戰屢敗和屢敗屢戰到底有什麼不同呢？從實際的狀況來說，其實是一樣的。都是打了好多場戰，而且一直輸。但是「屢戰屢敗」表示無能，一直打，但老是打不贏，一直輸。「屢敗屢戰」則展現鬥志，雖然一直輸，但是不放棄。是「不放手，直到夢想到手」的古代版。

這個故事的真實其實有爭議。我也不知道當時清朝皇帝是不是這麼容易唬弄。但是說法不同影響人的判斷，這樣的例子在生活中的確很多。

為了致敬曾國藩，我也分享一個小學生小明的故事吧！

有一天小明問媽媽，他寫功課的時候可不可以看電視？媽媽說不行。過幾天小明又問媽媽，那他看電視的時候可不可以寫功課？你認為媽媽會怎麼回答呢？

關於談判戰術還有很多精采內容要和大家分享，請趕快翻到下一章吧！

重點回顧

1. 以改變認知而不改變實質條件來達到談判結果的手法，稱之為心理戰術。
2. 談判高手，不只追求改變實質條件，更能巧妙的換個說法就達到目的。
3. 心理戰術有三面向、四領域：
(1) 三面向：製造迷霧、消除迷霧、維持迷霧。
(2) 四領域：比較、好感、互惠、一致。
4. 談判的迷霧：造成認知和事實落差的屏障。
5. 運用迷霧的三種策略：
(1) 製造迷霧：增加認知和事實的落差。
(2) 消除迷霧：減少認知和事實的落差。
(3) 維持迷霧：維持認知和事實的落差。

14 不能改變事實就換個說法！

談判心理戰術之「比較篇」

案例

Joe 和 Jane 結婚後努力了好幾年，終於打算買房子了。他們約了仲介公司的一位仲介帶他們去看幾個案件。

仲介帶夫妻倆看的第一間房子很不ＯＫ。地點勉強可以，但屋況很不好價格卻偏高，看了後這房子被 Joe 和 Jane 狠狠嫌棄一頓。

第二間房子就更誇張了。價格雖然稍低一些些，但地點完全不符合他們的需要，而且看起來甚至比第一個案件還老舊。

他們開始懷疑這個仲介到底行不行？

然後這位仲介跟他們說：「這前面兩個房子的確都不理想啊！不過沒關係，我們有更好的案件。我帶你們去看吧！」

果然第三個案件比起第一個和第二個，不管是屋況、價格等各方面都好得多！Joe 和 Jane 覺得相當滿意。只要再喬一下價格，沒意外的話，他們應該會買第三間房子。

動動腦

1. Joe 和 Jane 看的第一個和第二個案件狀況這麼不好，除了仲介的疏忽之外，有沒有其他可能的原因？
2. 如果有的話，你認為會是什麼？

前一章中我們提到談判的心理戰術有四大領域，分別是「比較」、「好感」、「一致」、「互惠」。這一篇就談其中的「比較」

一 人就是喜歡比

人天生就喜歡比。人生除了生老病死，另外一個擺脫不了的苦就是「比」。

也許大家有過像小華一樣的經驗。小華費盡千辛萬苦，終於買了一輛新車。拿到車的第二天開新車去公司想要炫耀一下，沒想到跟小華同部門，甚至小華平常還有點瞧不起的小明，竟然也換車了，而且小明的車比小華更大更酷。頓時小華原本心中的喜悅消失無蹤，取而代之的是一點點的酸、一點點的痛。

車子之外生活當中比的可多了。比收入、比房子、比手機，甚至比誰的男朋友帥、女朋友美。小孩子也比，比誰的鉛筆盒比較漂亮、誰的玩具槍比較大隻。人一輩子從大到小，沒有不能比的。

電影《三個傻瓜》中有句很有意思的台詞：「當你的好朋友成績被當時，

你感覺很糟，但是你的好朋友考第一名時，你感覺更糟！」再好的朋友，也都免不了要比一比啊！

為什麼這麼愛比？也許因為人類是群居的動物，我們必須要跟別人合作才能夠生存下去。但是同時又必須要清楚知道自己在團體中的地位，才能夠分到自己該有的資源。如果是強勢，也就是比贏了，就可以要多一些，這有助於自己基因的繁衍。如果是弱勢，也就是比輸了，就要認份一點，免得被逐出群體，活不下去。

不論原因是什麼，總而言之人就是愛比，而且一旦有得比，就會不想太多的比下去。這已經是一種本能衝動。

這樣的本能衝動在談判上非常好用。先讓我們看個例子。

在《誰說人是理性的》這本書裡面，作者丹・艾瑞利做了一個很有趣的心理實驗。作者在MIT擔任心理學教授時，有一天他看到經濟學人雜誌的廣告，內容是以下的行銷方案❶。

這個行銷方案當中最有趣的是方案二。因為方案二很明顯的比方案三差，花一樣的錢，但方案二卻不能使用網路版。任何一個稍微會計算的人，要不選方案一，要不選方案三，理論上不會有人選方案二。那麼方案二到底有什麼用呢？

於是他做了一個實驗。首先他把以上的方案給一百個MIT的學生選擇。選擇的結果如下表。

接下來他自己做了一個虛構的方案，也就是把原本的方案二拿掉，做成的結果如下頁的行銷方案❷。

行銷方案❶

方案一 網路版 59 美元	方案二 雜誌版 125 美元	方案三 網路及雜誌版 125 美元
一年內任意流覽經濟學人網站，自一九九七年起的各期文章	《經濟學人》紙本雜誌一年份	《經濟學人》紙本雜誌一年份，以及一年內任意流覽經濟學人網站，自一九九七年起的各期文章

方案一 網路版 59 美元	方案二 雜誌版 125 美元	方案三 網路及雜誌版 125 美元
16 人	0 人	84 人

然後他再把這一個虛構的方案一樣給一百個ＭＩＴ學生選擇，你猜發生什麼事情呢？

是的！你猜對了，結果變成下表的數字。

這一個看起來完全沒有人會去選的方案，卻改變了學生的選擇結果。具體來說，它讓這個行銷方案的效益大為提高。首先選擇高單價方案的人數增加了一倍，而高低單價間又大約是兩倍的價差。

行銷方案❷

方案一 網路版 59 美元	方案二 網路及雜誌版 125 美元
一年內任意流覽經濟學人網站，自一九九七年起的各期文章	《經濟學人》紙本雜誌一年份，以及一年內任意流覽經濟學人網站，自一九九七年起的各期文章

方案一 網路版 59 美元	方案二 網路及雜誌版 125 美元
68 人	32 人

二 就是要你比

「比較」在談判上的具體操作，要搭配我們之前談過PARTS中的S，也就是subject，議題。步驟如下表。

這樣的操作也可以運用在生活中。

爸媽叫孩子去倒垃圾可能會得到一堆不去的藉口和理由。所以下次換個作法吧！直接問孩子要洗碗還是倒垃

談判議題的比較步驟

步驟一	拆解談判中可能可以放進來的議題。就像我們之前文章中所建議的，請努力拆解到三十個議題以上。具體作法這裡就不再重複了。
步驟二	從議題當中挑出我們判斷雙方價值認知差異最大的。
步驟三	打包議題。先把價值認知差異最大的和其他幾個議題包成方案一；然後換掉這個價值認知差異最大的議題，再搭配一個其他議題變成另外一個方案。 比方說方案一包含了 A+B+C 三個議題。而 C 是你判斷雙方價值認知差異最大的，也就是 C 對你來說成本相對低，但是 C 對於對方來講，卻會認為很有價值。方案二則包含了 A+B+D，D 對你來講成本跟 C 差不多，但是你判斷對方不會那麼喜歡 D。
步驟四	在談判的關鍵時候，你把一和二兩個方案推到對方的面前，讓他選。然後就是見證奇蹟的時刻了！原本猶豫不決，不知道還要想多久的對方，忽然很果決的選擇了方案一。

圾？那在兩害相權取其輕之後，孩子可能立刻說：「好！那我去倒垃圾。」當然，這個設計的前提是你知道比起倒垃圾，孩子更討厭洗碗。

三　沒有比較，沒有傷害；有了比較，才知真愛

讓我們回到 Joe 和 Jane 買房子的案例，到底他們看房子的時候發生了什麼事呢？

事情的真相當然不得而知。但我知道在房仲業界的確有人運用比較的心理來加速成交。也許仲介也明知道他們不會喜歡前兩個，但就是希望創造比較的感覺，讓他們更愛第三個案件吧！

沒有比較，沒有傷害；有了比較，才知真愛！

這樣的操作會不道德嗎？每個人標準不一樣，以我的看法是還好。畢竟如果真的是符合客戶需求的物件，讓客戶早點決定買下未嘗不是好事。我到現還很感謝當時積極催促我買房子，積極到我當時差點翻臉的那位仲介。若不是她，

後面那一波房市漲幅的甜頭，我是完全沒分的。

人天生喜歡比。對方猶豫不決的時候出幾個方案給他們選，往往會有絕佳的效果。

重點回顧

1. 人天生喜歡比。因為人必須跟別人合作才能夠生存下去，但是又必須要知道自己在團體中的地位，才能夠分到自己該有的資源。
2. 放入不同的比較方案，會改變選擇的結果。
3. 談判時運用「比較」心理因素的步驟：
   (1) 步驟一：拆解談判中可以放進來的議題。
   (2) 步驟二：議題當中挑出雙方價值認知差異最大的。
   (3) 步驟三：打包議題。
   (4) 步驟四：把不同的方案交給對方選擇。
4. 沒有比較，沒有傷害；有了比較，才知真愛！

15 不能改變事實就換個說法！

——談判心理戰術之「好感篇」

案例

Kenny 是一家公司的業務人員，最近在和一家客戶的採購主管陳經理喬一批貨的出貨時程。

陳經理堅持這批貨一定要八月九日前出，但 Kenny 用盡所有方法試過所有可能，最快最快也要八月十九日。由於這十天的差距怎麼都喬不平，陳經理的脾氣越來越大，雙方的關係越來越糟。

動動腦

1. 有什麼方法可以舒解雙方的關係？
2. 陳經理這麼堅持八月九日出貨一定有理由，Kenny 要如何得知這個原因呢？

一 因為喜歡，所以聽從

上一章分析完心理戰術的「比較」，這一章我們要談「好感」。我們比較願意聽有好感的人的話，這是顯而易見的生活經驗。

當討厭一個人的時候，即使明明知道他講的沒錯，但是也會想要故意跟他唱反調。要「不以人廢言」，難！

不過有個觀念這裡要特別提醒：贏得對方好感可以增加我們的影響力，但不表示談判一定要贏得對方的好感。

因為談判有時就是要給對方壓力，甚至讓對方害怕你。所以還是回到從以前到現在重複很多次的概念，談判的最高原則就是「不一定」。為達目的，慎選手段，贏得對方好感只是手段之一。

如果好感是有用的，那接下來的問題就是如何讓對方對我們有好感？好感的來源大概主要有以下兩個：

1. 外表的魅力。
2. 雙方的共同性。

一 外表的魅力

如果來跟你談判的對手，是新垣結衣或者是金秀賢，你會不會希望和她或他談久一點？你會不會因為他們是你的偶像，而輕易的答應他們提出的條件？

我不知道你會不會，但是我會。我是說如果對方是新垣結衣的話，金秀賢對我就真的不管用。

這些年來我為超過百家公司上過銷售培訓課程，我發現當銷售的產品差異性越小，業務人員的平均顏值就越高。我自認合理的原因是當產品越難有差異化時，業務人員是否受歡迎的影響就越大。而顏值，的確和好感度有關啊！

不過像我們這種普通人也不用太沮喪，其實長得漂亮不如得人疼啦！外型出色的人有些時候會讓人家覺得你一定是享盡顏值紅利，沒吃過苦，說不定特別想要弄你一下。

三 雙方的共同性

人際關係的原則有很多。但其中我認為最重要的一條是：

人最喜歡自己，其次喜歡跟自己相像的人。

跟這個原則相關的生活經驗，我相信大家都不陌生。比方說你在工作上遇到同校同系的系友，會不會特別親切、甚至特別照顧一下？我想難免吧！

一對男女巧遇，相談之後發現兩個人都喜歡柴犬，也都喜歡喝日曬的耶加雪菲，說不定這時候兩個人就互相認為彼此是靈魂伴侶了。

所以談判的時候如果想要讓對方對你有好感，找出雙方的共同點是一個重要的方法。

那麼如何找出彼此的共同點呢？有兩個方法：「學會認真聊天」和「找出共同敵人」。

❶ 學會認真聊天

如果世界上有認真的聊天，就有不認真的聊天，這是基本邏輯。先說不認真的聊天。人生煩惱很多了，有時候聊天就是為了抒壓或是打發時間。這種聊天你想要聊什麼就聊什麼，我完全沒有意見。

但是有些聊天就必須要認真。比方業務拜訪客戶在切入主題之前通常會閒聊幾句，讓氣氛比較融洽。或者有些你在乎的人，和他聊天的目的就是希望能夠加深彼此的關係，這就是所謂認真的聊天。

認真的聊天，原則只有一個，聊對方關心的事情，然後從對方關心的事情裡面找出彼此的共同點。

這事說來容易，但是其實牽涉對複雜人性的理解，並需要高深的技巧，不是三言兩語在這裡可以說清楚的。但是據說有一種職業就是專門陪人認真聊天的，那行業的頂尖高手握有認真聊天的聖杯。如果你有興趣的話，幾年前有本書叫做《銀座媽媽桑說話術》，真心建議值得參考。

❷ 找出共同敵人

比起會聊天這種形而上的境界，找出共同敵人在實務上是更容易操作的。人類的天性是只要有共同敵人，就會變成朋友。不信的話，我們來看幾個例子：

地球人什麼時候會大團結？外星人入侵的時候。

小三和元配什麼時候可以變成盟友？小四出現的時候。

所以想要讓對方對你有好感，另一個方法就是找一個共同的敵人一起罵。比方說，可以一起罵景氣，也可以一起罵政府。只要能口徑一致的開罵，關係立刻拉近，非比尋常。

我以前負責經銷商的業務時，也常用類似的方法處理自己夾在公司和經銷夥伴間左右為難的處境。這招就是人到經銷商時跟經銷商一起罵自己的公司不照顧通路夥伴；但是回到公司之後又要切換立場，跟老闆一起罵經銷商不上道。

你說這樣不會有問題嗎？當然會有問題。所以以上這招是賤招，偶爾擋擋風頭可以，絕不是長治久安之道。

有人罵就有人受傷，話不小心傳出去了，搞不好會有嚴重後果。所以這招不夠好，以下要推薦更好的。談判時有一個絕對有用的共同敵人，而且批評這個敵人，沒有任何風險。

這個共同的敵人就是：談判雙方所面臨的「問題」。

以下這句話非常重要，你可以考慮把它背下來：

談判對手不是你的敵人，而是解決問題的夥伴；談判真正的敵人是雙方共

同面臨的問題。

這是談判觀念的重要轉換，這一轉後面的路就會完全不一樣。

比方你可以跟想買房子的買家這樣說：

「大哥！我知道你有誠意想買這房子，我也很想賣給你，但是這一百萬的價差真的很討厭。你覺得該怎麼辦比較好呢？」

回到本章一開始的案例，Kenny也可以這樣跟陳理這樣說：

「陳經理，我知道你很希望能夠這個月九號出貨，可是我已經協調過我們公司內部所有相關部門，連總經理也出面了，最快最快也要十九號才能出貨。這相差的十天讓你痛苦，我也非常難受，那請問你認為對這十天我們可以怎麼辦呢？」

四 敢示弱乃真強者

像以上這樣子的表達方式，有兩個好處：

1. 暗示對方，我們有個共同的敵人，就是我們之間的差異。而這個差異我們必須一起去面對，於是就在這共同的敵人面前，我們成了盟友。那既然我們是盟友，很多事情就好談了。

2. 這個說法同時也在「示弱」，而「示弱」是在談判當中常被忽略的重要策略。

為什麼要示弱呢？家裡有養貓狗的人，應該比較能夠理解我以下的說明。貓貓狗狗什麼時候會把牠的肚子暴露在人的面前呢？只有在牠對這個人非常信任的時候。因為肚子是貓狗最脆弱的地方，如果牠們對這個人還有所疑慮的話，就不會把弱點暴露出來。

所以當我們對對方示弱的時候，就代表某種程度的信任對方。談判時很多的障礙在於雙方缺乏基本的信任，以致讓雙方連最基本的資訊交流都停止。所以當我願意跟對方承認：「坦白說，對於碰到的這個問題，我也不知道該怎麼辦啊！你願意幫我嗎？有什麼可以一起解決的呢？」對方可能就感覺跟你好像也沒有那麼對立了。既然你好像也還信得過我，好吧！那我就跟你多說一點好了。

人很容易被暗示，這是心理戰術的理論基礎。

這樣的信任還沒有辦法讓雙方達成協議，但是卻非常有可能讓對方開始跟你分享進一步的訊息，也讓談判得到重要的突破。

再次回到 Kenny 和陳經理的案例。

說不定，只是說不定但是有可能，Kenny 照上面的句型跟陳經理說了之後，陳經理氣稍微消了，開始跟 Kenny 說以下的話：

「好啦！我知道你壓力也很大。但是你知道嗎？我們公司八月十五日有個新產品發表會，如果你們八月九日前不給我出貨的話，那你要我們公司新產品發表會的時候，拿什麼東西展示啊？你看過沒有展示品的產品發表會嗎？見鬼了！」

Bingo！見證奇蹟的時刻。

還記得在關於談判目的章節中談過的，「立場」與「利益」嗎？

以陳經理來說，八月九日前出貨只是嘴巴說出來的立場，但陳經理真正要的利益，其實是八月十五日的新產品發表會有東西可以展示。

八月九日出貨看起來是沒機會了，但是讓八月十五日的新產品發表會有東西展示不開天窗，倒可能有機會。

怎麼在八月九日不出貨的前提下，讓八月十五日的新產品發表會有東西可以展示呢？每個行業的作法不同，你也許也有自己獨特的絕招。但以我的經驗，以下這幾個方法可以參考：

(1) 分批交貨：做多少交多少。反正數量只要夠展示就可以。

(2) 特製樣品：如果真的必要，請工廠用人工的方式，趕出展示用的樣品。

(3) 真的只能展示的展示品：我以前在電子業時，偶爾會有客戶要求提供即使功能還有缺陷，但是外觀完好的展示品。這種東西還有個名詞，叫mockup sample（手工模型）。

我當然不知道這些作法是不是就能讓陳經理滿意，但至少可以看到隧道盡頭的一點光。談判，不就是永遠追求更高的打擊率嗎？

重點回顧

1. 人比較願意聽有好感的人的話。
2. 除了靠先天顏值之外，找出共同敵人是贏得好感的有效方法。
3. 最安全有用的共同敵人，就是雙方要解決的問題。
4. 談判時談判對手絕對不是敵人，而是解決問題的夥伴。
5. 適當的示弱，有助於建立雙方的信任。

16 不能改變事實就換個說法！

——談判心理戰術之「互惠篇」

案例

賄選當然不對也違法。

但更令人好奇的是，賄選為什麼會有用？選民收了錢到底有沒有投給那個給錢的候選人，其實沒有人知道。

動動腦

1. 你認為賄選有用的原因是什麼？
2. 讓賄選有用的心理機制和談判有什麼關係？可以如何用在談判上？

一 互惠是重要美德

這一章來聊聊談判心理戰術四大領域中的「互惠」。互惠是重要的美德。至於到底有多重要，來看成語和兩個生活的場景就知道。

❶ 成語中的互惠

請看以下兩組成語：

第一組：禮尚往來、知恩圖報、投桃報李。

第二組：忘恩負義、過河拆橋、恩將仇報。

第一組中的三個都是肯定，而第二組中的三個都是罵人，且罵得很凶。仔細想想，「禮尚往來、知恩圖報、投桃報李」之所以是好事，因為互惠；而「忘恩負義、過河拆橋、恩將仇報」的人極為可惡，則是因為沒有互惠。

❷ 生活中的互惠

再來看看兩個生活當中的情境，一個歡樂，一個黑暗。

①歡樂的情境：試吃

新北淡水有家傳統餅店，宜蘭礁溪有家名產店，兩家生意都很好。因為生意已經太好，我怕老闆過勞，就不再公佈店名替他們打廣告了。但這兩家除了生意都很好之外，還有另一個共同點：試吃都很給力。試吃無限量是基本，給的份量也又大又厚，甚至還提供茶水給客人消渴去膩，生怕客人吃得太少。

老闆這麼佛心會不會賠錢？看來不會。因為人潮川流不息，而且我仔細觀察過，幾乎沒有空手出場的客人。

「都吃這麼多了，好意思不買嗎？」也許所有的客人心中都有這一句話吧？而這句話的背後還是「互惠」原則。

②黑暗的情境：賄選

回到本章一開始賄選的案例。

小時候剛知道什麼是選舉，就跟著也聽說了賄選。當然賄選就是我給你錢，然後請你投票給我。但是那時我一直有個疑問：「即使收了錢我還是可以不用投給那個給我錢的人啊！反正他也不會知道。」但多年來賄選就是有用，雖然近來效果似乎大不如前。

賄選有用的原因還是「互惠」。即使你票投誰沒人知道，很多人還是會因為「拿人手短，吃人嘴軟」（又是一句說明互惠的諺語），在互惠的強大心理制約下，而投票給付錢給他的人。

從另外一個角度來看，從事賄選的候選人，他們的想法其實和本書一直強調的觀念「好好談判不能包贏，但可以提高打擊率」是一致的。他們不求買的每張票都有效，但只要有一定的成功機率，就會扭轉選舉結果。

但是選民的心理狀態會改變。人雖然很容易被暗示，但當民智大開選民更加成熟時，理智還是可以超越這種心理牽制。

二 互惠的重要性

人類需要互助才能生存，越能互助的族群，整體生存機率也越大。但若要讓社會的互助機制能有效運作，就要先解決「白吃午餐」的難題，也就是有人只接受別人的幫助，卻不願意幫別人。他自己淨拿好處，但吃虧的永遠是別人。

如果社會放任「白吃午餐」的狀況，就少有人願意幫助別人了。或者換個達爾文演化論味道的說法就是：「那些幫助別人的個體卻反而因為得不到幫助而減少了存活的機率，以致於長期來看這些慷慨的『好人』的基因無法被傳遞下去，整個社會都成了自私的『壞人』。」一旦事情變成這樣子，互助機制瓦解，社會也無法維繫下去。

解決「白吃午餐」問題的方法就是讓互惠成為一種強大的制約。這種制約的形成可經由風俗或教育，甚至依我沒有根據的懷疑，已成為我們基因的一部分。無論如何，當互惠成為一種有力的行為約束，那麼在幫助別人的同時，也幫了自己，並為自己的基因帶來更好的生存機會。

在人類的演化過程中，互惠的行為一再被強化，最終互惠幾乎成為一種本能，讓人類在很多時候不經思索，就是要互惠。因此談判時若能善用互惠的原理，就可能為自己在談判中取得更多有利的結果。

不過就像之前一再強調的，所有心理戰術都只是提高談判中達到我們目的的機會，而不是包贏。如果對方看出了你的技倆，他當然就可以「故意」不被你影響。

三 互惠在談判中的運用

互惠在談判中有兩種運用的形式，「基本款」和「進階款」。

❶ 基本款：有來有往

出來混都是要還的，也都可以要人還。所以談判時先給對方一點好處，接下來就可以理直氣壯的討回。如前面的論述，互惠已經有接近本能的強度。所以即使不是甘願接受的好處，都覺得有要還的義務。我來說個故事吧！

很多年前我搬入台北市的一個公寓。搬入後想和鄰居建立好關係，就帶了兩包我花蓮老家的名產，主動去和鄰居問好。出來應門的鄰居還算和善但有點冷淡。禮貌的聊幾了句後，笑笑的收下我的心意。

然後一個小時之後，我家的門鈴就響了。鄰居拿了一盒點心，站在門口，堅持要我收下。我想我帶給他壓力了吧！

接下來的幾年，我們一樣保持都市鄰居慣有的尺度關係，並沒有因為我的主動示好而比較密切。但這次經驗也讓我深切體會到：

人們即使收到非自願接受的好處，也認為應該還。

如果想建立好的關係，不能還得太對價、太明顯，否則反而會損壞關係。

關於「有來有往」的原理，有以下幾個使用說明：

①可以零存整付，也可以整存零付

我對別人多好，別人還你多少，每人心中都有一本帳。記得不是很精準，但被透支時大家都會知道。

所以談判時給對方好處，可以每次給一點，多給幾次，然後一次要回來。也可以一下就給個大甜頭，然後分幾次慢慢要回來。而在互惠的心理之下，通常所得和給予兩者會接近打平。

最後還有一個重點。零存整付和整存零付，比起給了立刻要回來，「感覺」比較好。

②搭配議題的多元化使用

互惠的「惠」價值多少，重點不在於我們的成本，而在對方的感知。所以互惠的原理要用得好，還要搭配之前談過的議題多元化。運用不同議題價值認知的差異，就有機會用對我們而言的「小惠」，換回「大利」。

③先想好要給什麼，要討回什麼

談判雖然不免隨機應變，但給什麼、要什麼，是能夠、也必須先想清楚的。最後，如果你的付出被對方「白吃」了，我們的對策又是什麼？畢竟，總會遇到「忘恩負義」的人，把談判的成敗賭在對方的友善是不智的。

❷進階款：退而求次

在兒子大約五歲的時候，有一次我和他逛到一家很大的玩具店。當然你可以理解在玩具店裡父母最需要做的事情就是說「不」。所以進入店門之前，我已經跟他做好心理建設，強調這次只是看，沒有要買。

兒子到了玩具店立刻興奮不已，完全忘了幾分鐘前的約法三章。很快就相中了一個四驅車的套組，連車帶軌道，要價四千多元。

他說：「把拔！把拔！這很好玩對不對？我可不可以買？」

我回道：「當然不行！說好不買的。而且這要好多錢！」

兒子掩不住失望，悻悻然的繼續在店裡待了好一會兒。最後手裡拿了一個大約一百元的小汽車，小聲的問我說：「把拔！那我可以買這個車車嗎？」

大家認為我會如何回答呢？你猜對了！我說：「好吧！」

我那五歲、完全沒學過談判的兒子，完美示範了「退而求次」的談判策略。退而求次策略的背後其實是兩個心理因素的結合：「互惠」和之前談過的「對比」。

先說退而求次的具體作法：

先給對方一個對自己比較有利，但是對方也很可能拒絕的「大要求」；如果真的被拒絕（不意外），再提出一個對自己不是那麼有利的「小要求」。基於「互惠」和「對比」的原因，對方有很高的機會接受這個小要求。

再來詳細說明退而求次的心理機制：

對方在拒絕你第一個要求之後，會覺得對你有所虧欠（我拒絕了兒子想買的四驅車）；基於互惠的原則，他覺得應該做點什麼來補償，然後這時候對比也來加持。相對於之前的「大要求」（四千元的四驅車），這「小要求」（一百元的小車車）顯得微不足道，接受第二個小要求的可能性就會大幅提高（我最後也沒守住不買的底線，還是買了車子給兒子）。

最後有一個重要的提醒：運用以上策略時，提出來的第一個請求不能夠大到不合理，否則對方回絕之後不會有任何的愧疚。

比方你是公司的採購，一開口就要求對方降價五十％，賣方的業務人員除了說「您別開玩笑了」之外，不會有任何的歉疚；但如果你是要求對方降價五％，然後對方如你所料的拒絕了。這時候再來要點什麼別的，就大有機會了。

人會感恩圖報，而且報得不經思索、理所當然。

重點回顧

1. 人類在演化的過程中，發展出互惠的行為模式。
2. 互惠是重要的美德，也是強有力的行為動機。更重要的是，互惠的行為有利於人類社會的存續。
3. 談判時有技巧的給對方好處，有助於達到談判的目的。
4. 互惠在談判中的運用有兩種模式。
(1) 基本款：有來有往。可以零存整付，也可以整存零付。
・搭配議題的多元化使用。
・先想好要給什麼、要討回什麼。
(2) 進階款：退而求次。
・對方在拒絕你第一個要求之後，覺得對你虧欠。
・基於互惠的原則，覺得應該做點什麼來補償。
・再加上「對比」的因素。相對於第一個「大要求」，第二個「小要求」顯得微不足道。
・接受第二個小要求的可能性大幅提高。

17 不能改變事實就換個說法！

——談判心理戰術之「一致篇」

案例

二〇一九年底開始的 Covid-19 長時間成為全世界關注的焦點。疫情亂了生活，壞了經濟。台灣政府為了減緩疫情對於經濟的衝擊，推出了三倍券以刺激消費。一時之間各商家卯足全力，搭著三倍券的風加碼推出各種玩很大的促銷。店家給的優惠之多、下手之重，超乎我的想像。

但在這些眼花撩亂的促銷方案背後，真正引起我好奇的是：「為什麼平常促銷力道沒有這麼強，現在卻火力全開呢？」

動動腦

1. 店家在設計促銷活動的時候，要考慮哪些因素？
2. 為什麼配合三倍券的促銷可以特別給力？
3. 店家難道不擔心這樣的促銷寵壞客戶，養大了他們的胃口。以後如果沒有促銷，消費者就不想上門了嗎？

一 人類很在乎的美德：一致

這一章是談判心理戰術四個領域的最後一部分，「一致」。

人類社會有很多美德，除了前面談過的互惠之外，還有一個是「一致」。

如果你看到這裡覺得困惑，不知道我在說什麼，那先說個你一定聽過的美德，叫做「誠實」。以我的看法，誠實只是「一致」這個美德的呈現方式之一。

我們常稱讚一個人「表裡如一」，我們佩服某個人物「一路走來，始終如一」；我們會批評政府「朝令夕改」，讓人不知所措，又指責某個人「朝三暮四」。總而言之，感覺起來不一致就是一種壞事，一種討人厭的特質。

那麼究竟為什麼人類會這麼在乎「一致」呢？我的看法是，因為如果一個人不一致的話，別人就很難跟他合作，而一個很難合作的人當然不會被社會接納。因為一致這個觀念再延伸下去就是所謂的「可預測性」，當一個人的行為容易被預測的時候，我就可以知道：

1. 要不要跟他合作？
2. 如何跟他合作？

從這個角度可以進一步的分析兩個人類很在乎的美德：第一是誠實，第二是守信用。

1. 誠實指的是內外一致。
2. 守信用指的則是現在跟以後一致。

這兩種美德都可以讓別人更有效的跟我們合作。

如果一個人誠實的話，哪怕他是一個真小人，那麼我們也可以自己決定到底要跟他保持什麼樣的關係。但是如果是一個偽君子，那麼我們就很可能在合作的過程當中，被他給陰了。

你希望一個人他做到A和B兩件事，但他只答應做A。這個人如果信守承諾，他最後會做到A，當然也只做到A。但因為你一開始就知道他不做B，所以你就會找別人做B。相反的，不信守承諾的人，一開始答應做A與B，最後卻只做A，那事情就大條了。這種說到不做到的人，害人最深。

換個更高大上的說法就是，一個大家都不一致的社會，「交易成本」會非常高，高到社會可能會崩潰。交易成本是一九九一年諾貝爾經學獎得主，羅納德・哈利・寇斯（Ronald Harry Coase）所提出來的觀念。簡單來說，交易成本是：「獲得準確市場訊息以及談判和締結契約所產生的費用。也就是說，交易成本由資訊搜尋成本、談判成本、締約成本、監督履約成本、處理違約行為的成本所構成。」這段文字不算太難懂，可以很容易轉換到我們的日常生活經驗。

你可以想像，要和一個不誠實又不守信用的人合作，交易成本會有多高。

所以在人類的演化過程當中，一致就成為一種強烈的約束力量。因為：

1. 從小父母親就耳提面命，教導我們要誠實、要守信用。
2. 雖然沒有看到任何的科學證據，以下只是我個人的假說。但是我們也許可以假設誠實、守信用這類行為，其實是連結到某些生理上的特徵（比方說腦部中的某些構造會引響自制力高低，而自制力應該是和誠實、守信用的行為有強烈關連的）。這樣的話，那麼我們甚至可以說沒有這樣基因的物種，他的後代比較難在演化中存活。以致於現在還留在地球上的人類，多數帶有「一致」的基因。當然，再說一次，這只是我沒有根據的假說。

我在社會上走跳這麼多年，也算閱人無數。有沒有看過壞人？當然有！但是有沒有從頭壞到腳、從小立定志向要騙人到底的？也許真的有，但至少我沒碰過。我遇過的人，都很在乎別人覺得他是不是誠實、守信用；也就是，是不是一個「一致」的人？

二 把一致用在談判上

把這個觀念運用在談判上，就有幾個可以思考的重點：

1. 人不喜歡做出不一致的行為。所以如果你能夠讓對方先做出一個符合你談判目標的小改變，接下去他就很有可能做出一個符合你談判目標的更大改變。一個心理學上的實驗可以具體的說明這件事情。

過去我們常會認為：我是誰我才會做什麼事，比方說：我是好人，所以我做好事；我是壞人，我就做壞事。但現在有越來越多的科學家發現：人類其實不是「因為我是誰，所以我做什麼事」，而是因為「我做了什麼事，所以我是什麼樣的人」。

例子是，今天有一個慈善機構出去募款，被募款的對方有可能直接說：我不願意或是我沒錢。但是，如果慈善機構說：沒有錢沒關係，你家門口願不願意借我貼一下愛心傳單？反正沒什麼損失嘛！你認為這樣做，結果會有什麼不同嗎？

曾有人做了一個實驗，發現如果直接跟人家要錢的話，募款成功的比例偏低。但是那些先同意貼愛心傳單的人家，過陣子再去做募款，成功機率大幅提高。這是個重要的心理機制：當我同意讓你貼廣告的時候，我就認為我是好人，既然我是好人，我就不應該拒絕你的募款。

也就是說：人是按照自己的行為，來去認定自己是誰，而且會努力維持一致性。

2. 所以在談判的時候，適時加上一句：「我們合作的這些年來，你一直很重視客戶的口碑，我相信這一次也不會有例外吧？」這句話雖然聽起來只是一句閒話，但是很有可能對對方而言卻是強烈的提醒與制約。像這樣用一個高帽子套在對方的招數，如果能妥當運用，往往可以在不改變任何實質談判籌碼的情況下，有助於達到談判的目的。

3. 對方在談判的時候如果不願意讓步，往往是因為怕先例一開，後面不可收拾。俗語說：有一就有二，有二當然就會有三。所以在我們要求對方讓步的時候，如果能夠讓對方很放心的相信這只是一個「特例」，而不會成為一個「通則」，那他很可能就會放心的讓你在這一次談判裡，得到你所想要的特別待遇了。

三 讓步時把通則變成特例

「讓步時把通則變成特例」是在談判時很重要的一個觀念。

舉個例子來說，有筆貨款你希望供應商能夠給你特別長的付款條件，好讓你在資金調度上比較從容。但是供應商跟你說，他們公司的付款條件就是這樣，很硬的。此時，你可以考慮和他談出某個嚴苛的條件（比方特別的品項，或是特別大的數量，或是特別的時間），而且也只有在這個嚴苛條件符合的時候，他們才需要給你比較寬的付款條件。那麼這樣子對方答應的可能性就會大幅提高。我強調的是可能，而不是必然。但是談判，不就是在過程中的每一個接觸點，增加成功的機率嗎？

現在讓我們回到本章一開始的案例問題：「為什麼配合三倍券的優惠特別大？」最基本的看法就是，業績都這麼差了，當然要趁勢搶一波啊！不然咧？但這現象更可以從店家和消費者談判的角度來分析。

疫情之下，許多商店生意都不好，為了求生存，按照經濟學的原理，合理的短期廠商決策原則是：只要價格在變動成本以上，這個生意就應該要做。

這個觀念要完整解釋有些複雜，用最簡單的例子說明如下：

1. 早餐店阿姨的蛋餅一份賣三十元。簡單的成本結構如下：

(1) 物料成本，也就是雞蛋、蛋餅皮、油等：十五元。

(2) 房租及其他固定成本：十元。

(3) 利潤：五元。

2. 現在因為疫情，客戶上門數大減。阿姨決定降價促銷，請問阿姨最多可以降多少？

(1) 如果降到十五元以下，連物料成本都不夠，賣一份賠一份，不可能。

(2) 如果降到十五到二十五元之間，雖然還是賠錢，但至少可以補貼房租和其他固定成本，至少賠比較少。

(3) 長期來看，如果一直賣不到二十五元，阿姨做心酸的，會把店收起來。

(4) 但短期來看，如果判斷疫情只是暫時，即使在賣十五到二十五元之間，因為多少可以補貼房租和固定成本，還是可以減少損失。

(5) 所以阿姨應該先降價到十五到二十五元之間，讓店活得久一點，看能不能撐過疫情。

3. 雖然以上分析有憑有據，但為什麼實際上多數商家不這麼做呢？因為他們怕以下兩點：

(1) 最重要的，此例一開，原本只是特例卻成為通則。等到狀況回到常態的時候，價格卻像瑞凡一樣「回不去了」。

(2) 其次，擔心消費者說不定也會懷疑商品品質隨降價而下降。

所以，為什麼三倍券的時候可以用力促銷呢？因為三倍券是一個非常明確的特別條件，任何促銷只要跟三倍券搭在一起，都是不證自明的特例，所以完全不用擔心日後客戶會期待比照辦理，因為他們不會再有三倍券。有了三倍券輔助，消費者也不會懷疑產品的品質是否有變化。

四 店家和消費者間無言的談判

店家跟消費者之間，其實持續的在進行談判和博弈。他們彼此互相需要，卻又都不希望對方猜出自己心中的底線，而價格就是他們無言對話中最重要的資訊。

店家用穩定的價格告訴客戶幾件事：

1. 你現在不買，以後不會有更好康的。
2. 你現在買，也不用擔心以後會成為吃虧的「盤子」。
3. 產品的品質。價格高雖然不代表品質好，但兩者通常有正相關。

相對的，大幅又沒有配套的降價會破壞以上這些機制，但三倍券又能讓這些降價的壞副作用都消失。

所以有了三倍券，降很大，我不怕！

重點回顧

1. 人類在演化的過程中，發展出期待自己和別人一致的行為模式，因為一致的人容易預期，也更好合作。
2. 一致因此是種美德：
   (1) 誠實是內外一致。
   (2) 守信用是現在和以後一致。
3. 人不喜歡做出不一致的行為。如果讓對方先做出一個符合談判目標的小改變，接下去就有可能做出一個符合你談判目標的更大改變。
4. 談判的時候如果不願意讓步，往往是怕先例一開，後面不可收拾。
5. 讓步時把通則變成特例，會使得讓步更容易。

談判出價還價篇

18 談判的出牌讓步與收尾

「出牌篇」

案例

你手上有個祖傳的古董花瓶。有人想買，你們約好了時間地點見面談。對於這個花瓶的賣價你心中有想法。但你不確定的是，究竟應該先開高價讓對方殺？還是應該讓對方先開價？

動動腦

1. 談判時什麼狀況下應該先出價？為什麼？
2. 什麼狀況下應該後出價？又是為什麼？

一 討價還價

如果要你用一個四字成語來代表談判，請問你會選哪一個？

如果選「討價還價」，我想很多人應該能夠接受。討價還價的確是談判最典型的畫面，甚至對有些人來說，討價還價就是談判的全貌。

先定義討價還價：這一章中所謂的討價還價，是指談判的大原則大致已經確定了之後，針對價格這個項目的商談。

如果你是個談判老手，你當然知道討價還價不等於談判（否則我們之前談的大格局、大策略是在哈囉嗎？），但是無論如何，討價還價絕對還是談判重要的環節。因為：談判最後終究會走到討價還價的階段，而且這個階段對於談判最後的戰果，有極大的影響。

所以現在開始來談「討價還價」。而深入剖析討價還價，要從三個角度來談，分別是「出牌」「讓步」以及「收尾」。這一章先談出牌。

出牌就是在談判的時候提出你的條件，而這件事情又可以從「先後」以及「高低」兩個角度來分析。

二　出牌的先後

關於出牌，我最常被問到的問題就是究竟我應該先出牌，還是讓對方先出？就像所有的談判問題，答案當然還是不一定。但是有個很有參考價值的準則：有行情可參考時先出牌，沒有行情可參考時後出牌。

為了方便大家理解，我用兩個東西的買賣當例子。一個是二手車，一個則是本章一開始的案例，古董花瓶。前者的價格有行情可參考，後者則沒有可參考的行情價格。

❶ 有行情時先出牌：定錨

雖然每台二手車的價格會因為車況而有相當的差異，但是年份跟里程，特別是年份，基本上決定了一台車的價格區間。

這時談判的雙方不管怎麼談，除非特殊情況（比方有重大事故或者是泡水的車子），價格會落在這個區間以內。這個概念可以用下方的圖來表示。

這個情況下先出牌的人會得到定錨效應（anchoring effect）的好處。定錨是談判的重要觀念，而且待會在出牌的高低裡面也會再次運用到，所以我們在這裡另外

二手車議價空間

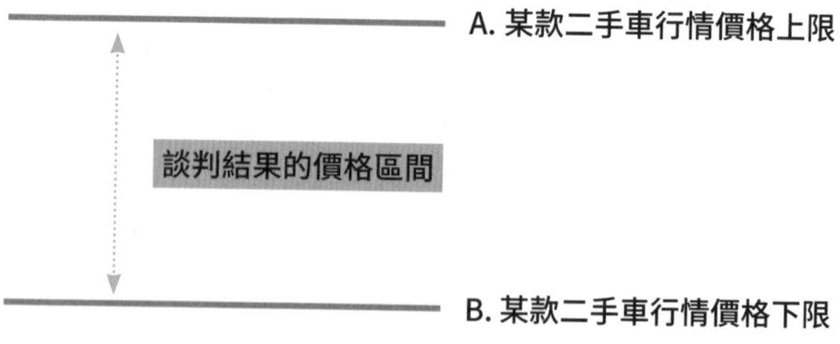

開一個小視窗，特別來談一下。這個小視窗基本上是參考維基百科再稍加改寫的，在此聲明以表示對智慧財產權的尊重。

決策的「定錨效應」

原理

人類在進行決策時，會過度偏重先前取得的資訊（稱為錨點），即使這個資訊與這項決定無關。在進行決策時，人類傾向於利用此片斷資訊（錨點），快速做出決定。在接下來的決定中，再以第一個決定為基準，逐步修正。但是人類容易過度利用錨點，來對其他資訊與決定做出詮釋，當錨點與實際上的事實之間的有很大出入時，就會出現當局者迷的情況。

說明

定錨效應最早由阿摩司・特沃斯基與丹尼爾・卡內曼進行觀察，並以加以理論化。他們將參加實驗者分為兩組。一組被要求在五秒內計算 1×2×3×4×5×6×7×8 的答案，另一組則被要求計算 8×7×6×5×4×3×2×1 的答案。

正確答案是40,320。但由於參加者沒有足夠時間計算，所以他們只能估計答案。結果發現：

由小數字開始（1到8）的實驗者，估計的平均值是512。

由大數字開始（8到1）的實驗者，估計的平均值則是2,250。

在其他「估計」的實驗中，也觀察到相同的現象。

案例

A店和B店都陳列完全一樣的六百元的餅乾。

A店主要是賣二百元左右的餅乾為主，所以客人看到六百元的商品，會覺得「貴」。但是B店大多是賣價格在八百元上下的餅乾，看到六百元的餅乾，會覺得「便宜」。

所以如果你是買方，又是先出牌的人，那麼你就有更高的機會讓成交價落在B線和C線間的區域，如同下頁圖。

❷ 沒有行情時後出牌：敵明我暗

但是案例中的買賣古董花瓶，故事就不一樣了。古董、藝術品這類的東西，本來價錢就隨人高興喊，行情很亂。這個花瓶值多少錢不但你不知道，也查不到什麼行情。

如果你本來心中的盤算是一百萬元就賣，但你讓對方先開價，結果對方一開口就是三百萬，這時候你就可以用這個比你預期高得多的價錢賣出。當然，你也可以因此知道這花瓶比你預期的值錢得多，所以要繼續待價而沽，期望賣出更好的價錢。

相反的，如果你先出價一百萬的呢？顯然對方一定會再砍你一刀，哪怕只是意思一下。總之，最後的成交價一定不會高於一百萬元。

在沒有行情的情況之下，先出牌的人其實就是先透露資訊的人，也就是敵暗我明中，處於不利地位的「明」那一方。所以這時候，通常後出牌比較有利。

三 出牌的高低

出牌的高低分成三種情況：開高、開低、開平。各有適用的情境，分別說明如下：

二手車議價空間

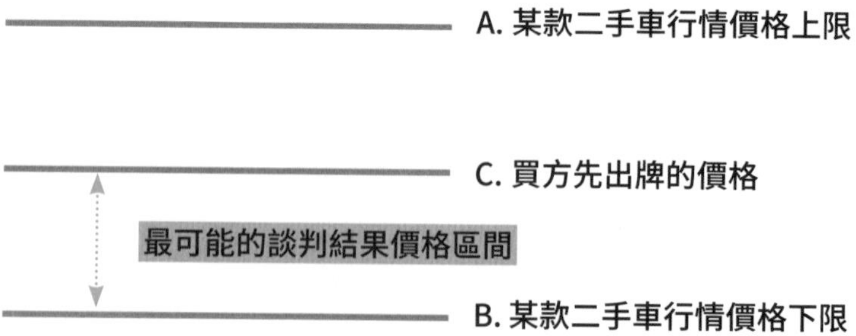

❶ 開高

開高指的是提出一個對我方非常有利的條件。目的就是前面才說過的「定錨」。定錨的效果有時非常的巨大，大到即使你知道對方在唬爛、用力調整了，但調得還是不夠。

很多年前，我到一個觀光景點旅遊。逛著逛著就遇到了兩個小女孩要賣我珍珠項鏈。因為出來玩心情很好，我就隨口問她們這珍珠項鏈怎麼賣呀？她們說一條一千元（已折合成台幣），我說太貴了吧！這種東西最多三條五百元。沒想到小女孩當中年紀比較大的那一個，二話不說，立刻說：「好，成交！」

我當場只好心不甘情不願地掏出五百元，買下三條完全沒有用的珍珠項鏈。

我知道在這一類觀光區，珍珠項鍊這類的紀念品價錢都是亂喊；我也知道這兩個小女孩在對我下錨，我也有用力調整，但是還是調得不夠。

看到這裡，你心中可能會有一個問題。就是我也可以說三條五百元還是太貴了，我還是不買。甚至直接說，小妹妹，我只是跟你們開玩笑的啦！我沒有要買。

我當然可以這麼做，但這就要回到我們之前講過的心理戰術：一致。

像多數的人一樣，我期許自己是個言行一致的人。即使在這兩個這一輩子再也不會見面的小女孩面前，也不希望為五百塊錢損壞我對自我形象的要求。

所以小女孩贏了！大叔輸了！

在談判的實務上，即使不用做到像賣珍珠項鏈的小女孩這麼誇張，你還是可以大膽的在對方心中下錨，那麼談到對我們有利結果的機會就會增加許多。

但是，這裡又有一個重要的點要考慮，就是跟談判對手的關係。

賣珍珠項鏈的小妹妹一點都不在乎跟我這個大叔日後的關係。直白的說，能唬一個是一個。但是工作上的合作伙伴，很可能就是完全不一樣的狀況。你不但希望這次談判談出好的結果，還希望不要傷害雙方的關係，這樣才能合作愉快。如果這樣的話，那該怎麼辦呢？

如果式開高法

這時候可以考慮用「如果式開高法」。也就是你開很高，但是這個高是建立在某個條件之上。只要情況不符合這個條件，你就不會堅持要這麼高，也就是你要這麼多是有條件的。

舉例：你的公司有一個設計案，要請設計公司報價。這時候你可以對設計公司這麼說：我想你們也都知道，我們董事長自己本身就是學藝術的，對設計有非常堅持的獨到品味。所以除非你們的提案能夠讓他驚艷，否則我們這個案子價格，最多就只能是ＸＸＸ。這個ＸＸＸ是一個遠低於市場行情的價格。

這樣子你壓低了參與提案廠商的期待。但是如果真有中意的提案時，為了讓設計公司感受到合作的誠意，你又可以說：「你們的提案真的讓我們董事長驚艷了，所以我們願意把價錢提高到ＹＹＹ。」此時，這個ＹＹＹ就是略低於行情的價格。這樣子設計公司既不會亂開價，也比較不會覺得專業不被尊重（只是「比較」不會啦！不保證。聽說設計師的脾氣都比較難捉摸）。

用「如果式開高法」既可以用下錨得到有利的結果，又不至於傷害到雙方的關係。

❷ 開低

開低就是一開始就提出對對方很有利的條件。

既然開高能定錨，那為什麼有時又要開低呢？通常是為了要強化關係。

比方說你是業務部門的經理，部門裡面的某位業務同仁有個案子沒處理好，得罪了一位重要客戶的總經理。你要出面收拾局面。

也許見面的時候，你就可以說：「陳總啊！這次的事情我們真的處理得很糟。在這邊先跟您誠懇的致歉。現在我們重新報價，也不用您吩咐，我們就先降5％吧！希望這樣子能讓您感受到我們的誠意。」

簡單來說，當需要一個好的氣氛來展開談判的時候，可以選擇開低。

不過這裡要有個心理準備，開低之後，接下來一定只會更低。所以你最低的底線是多少，要先想清楚。這方面，在「讓步」的篇幅中會有進一步的說明。

❸ 開平

所謂的開平，是提出一個符合行情，或者說符合一般人認知的合理條件。

其實，工作中最常見的出牌方式就是開平。因為資訊越來越透明，而且雙方都是專業人士，做足了功課，所以很難開高。又除非真的必要，比方說要負荊請罪，也沒必要一開始就開低，壓縮自己的空間。

但是重點在什麼叫合理？所以這時候必須找出所謂合理的根據，這些根據像柱子一樣支撐起合理的論點。比方說你要對一位客戶報價。那麼你也許可以這麼說：我們這次的報價是兩百萬美金。之所以報這種價格，是基於以下幾點：

(1)目前原物料的市場行情。

(2)我們過往的合作關係。

(3)目前你們提供的訂單預估。

接下來雙方開始談。這樣子的開牌方法有什麼好處呢？人很容易被暗示。你從這三點切入，對方就有很大的可能性，也會從這三點開始攻防。在這樣的框架之下，對方如果要推翻你的報價，他必須要先換掉這三根柱子，也就是你論點的根據。但是這三點是你提出來的，所以除非你懶到爆，或是完全不在乎談判的結果，否則這三點你應該已經做足功課。換句話說，你成為設定談判遊戲規則的人。而設定規則的人，一定比較有利。

重點回顧

1. 討價還價時的出牌時要考慮「先後」和「高低」。
2. 定錨效應對人的行為有很大影響，所以：
(1) 有行情可參考時先出牌。
(2) 沒有行情可參考時後出牌。
3. 出牌時有三種狀況：
(1) 開高：為了發揮定錨效應。
(2) 開低：為了強化關係。
(3) 開平：有憑有據，設定遊戲規則。

19 談判的出牌讓步與收尾

「讓步篇」

案例

假設你是賣方，有個機器開價一百萬元，你的底價是九十萬元，也就是你最多打算讓步十萬元。目前你規劃了如下圖的方案A、B、C、D四種讓步方式。

不同的讓步幅度與次數（總計 10 萬）

方案A	方案B	方案C	方案D
一萬	二萬	六萬	十萬
三萬	二萬	三萬	
六萬	二萬	一萬	
	二萬		
	二萬		

動動腦

1. 你認為哪一種方式最有機會守住九十萬元的底價？
2. 為什麼？

一　讓步或不讓步，這是個問題

上一章是關於談判的出牌。而「出牌」之後通常會伴隨「讓步」，再進入「收尾」的階段。最後談判結束，功德圓滿。

我們常說「好的開始是成功的一半」，但可惜只是一半。牌出得好是好的開始。但出完牌之後，接下來要不要讓步？怎麼讓步？還有最後關頭如何收尾，漂亮的結束一場談判？都對談判成敗有決定性的影響。

剛剛前面說出牌之後「通常」會讓步。既然是通常，就代表也有例外，也就是不讓步。就像哈姆雷特王子所說的：「To be or not to be. That is a question.」（生存或毀滅？這是個問題），談判讓步或不讓步，是個重要的問題。以下先討論不讓步及讓步的原理及技巧，然後再剖析「免費的都不珍惜」的人性，最後將這樣的人性運用在讓步上。

❶ 不讓步

什麼情況談判出牌之後會不讓步？先說一個我自己買房的故事。

二〇〇八年底的時候，我買到一間房子。這間房子從我開價到成交就是一個價，也就是從我出牌之後一塊錢都沒有往上加就成交了。「二〇〇八年底」這個時間是這個談判的關鍵，所以請大家先把「二〇〇八年底」記在心裡。

有透過仲介公司買賣房屋經驗的朋友，對於仲介公司把買賣雙方邀請到他們辦公室撮合成交的過程都不會陌生。具體來說，就是讓買方待在一個房間，賣方在另外一個房間，然後仲介在兩個會議室當中來回傳話、說服、勸誘，以讓買賣雙方達到一致的交易條件成交。這就是我當時經歷的場面。

當時老婆和我看上了一間房子，我們就下了斡旋，但價格和賣方的期待有相當落差。

仲介公司非常積極，說我們還是和賣方見面談吧！有見面有機會嘛！所以我就在某天晚上九點，到了這家仲介公司位在台北市景美地區的「洽談中心」，買賣雙方展開廝殺。

我從踏進洽談中心就表明我一塊錢都不會加。為了成交，仲介只好再三請賣方降價。到後來仲介埋怨我了，她說林先生啊！買房子這麼貴的東西，哪有人一塊錢都不加的？

這時，二〇〇八年底的這個關鍵時間要上場了。二〇〇八年底是什麼概念呢？二〇〇八年的九月雷曼兄弟倒閉了，全球股市跳水、市場一片悲觀。也就是在那個時候，台灣的企業發明了無薪假，然後全國上下一堆公司共襄盛舉。當時，黑夜真的看不到盡頭啊！

我跟這位仲介說，請你轉告買方，媒體都說這是百年一遇的大蕭條，這個時候還敢買房子，我都不知道自己哪來的勇氣（梁靜茹給的嗎？），即使是用出的價錢買到了，我都還忐忑不安；買不到，說不定對我更好（這不是唬爛，那時我真心這麼認為）。

仲介看我心意堅定，只好繼續去跟賣方拗。就這樣搞到十一點，我實在累了，就跟仲介說十一點十五分沒成交我就走人。

十一點十五分到了，還沒消息，我立刻起身往外走。仲介把我在電梯門口攔下來。說林先生別這樣子，再給我們十分鐘做最後努力吧！我說好！就最後十分鐘。然後，在十一點二十五分，仲介跟我說賣方同意了。

接下來開始簽約等各種手續，我在凌晨的時候帶著成交的合約書回到家。故事說完了。

從這個故事我想說的是，出牌之後不讓步有兩個條件：

① 你可以接受這個談判徹底破局

也就是你完全不在乎談判的結果。就像當時的我，買不到就算了。

② 局勢對你很有利

更精準的說，客觀的局勢對你是否有利不重要，重要的是談判對手認為局勢對你很有利。我們走過了二〇〇八年，地球沒有毀滅，人類的經濟後來又持續往上走。但在那個當下，賣家應該真的認為，錯過我這個買家就沒下一個了。

❷ 如果你要讓步

但是，完全不讓步的情況很少。通常如果我們還在乎談判的結果，就會適度的讓步，以確保能藉由談判得到想要的東西。而如果你是一個精明的談判者，在出牌的時候更應該已經預留了讓步的空間。

二 解析讓步三元素：幅度，速度，次數

要深入了解讓步，可以從三個角度來拆解：幅度，速度，次數。

❶ 幅度

回到本章一開始的案例。A、B、C、D四種讓步的模式，究竟哪一種最有機會守住底線呢？

答案當然還是不一定，但是一般來講我們會建議C。以下分析這幾種讓步的方式。

①方案A：由小而大（一萬、三萬、六萬）

這種方式是在尾盤放大絕。希望在最後用滿滿的誠意讓對方感動到不要再砍下去。這招有沒有可能成功？有可能。如果你能夠讓對方相信你在最後階段真的掏心掏肺了。只是以我的經驗來說，要在最後讓對方相信你的誠意，機會比較小，除非你能搭配生動的演技，讓對方為之動容。

②方案B：細水長流（二萬、二萬……）

這種方式在第五次的時候不容易守住，因為對方有所期待。明明前面四次要就有，怎麼第五次就不行了呢？如同之前強調過的，雙贏的贏不是客觀事實，而是一種感覺。當他的期待沒有被滿足、沒有贏的感覺，他就不想放手。

當然如果你運氣夠好，也讓對方相信你的誠意，這個方式有可能你讓到第三次對方就接受了，那就可以少讓四萬。談判本來就沒有一定的答案，我們談的一切都只是為了極大化成功的機率。

③方案C：由大而小（六萬、三萬、一萬）

這一招一般來說成功機率比較大，而我相信多數人用的也就是這一招。你擁有的越多就越慷慨，這是一般人性。用經濟學來講，就是「邊際效用遞減」。一開始讓得多代表空間還大，但是隨著幅度越來越小，就是給對方釋放一個訊息：我快沒有了。而當你告訴對方你快沒有了，在對方的解讀就是我很厲害，我把你剝光了。這時候他會有贏的感覺，也就很可能停手。

④方案D：一次到底（十萬）

這招的好處是一翻兩瞪眼，可以大幅縮短談判的時間。如果你抱著九十萬元以下就走人的想法，那這招可用。但壞處就是對方不容易有贏的感覺。要不破局，要不就是守不住九十萬元的底線。

❷速度

讓步第二個考慮，速度。先講結論：越來越慢。

以案例中的方案C為例。讓第一個六萬的時候可以爽快一點，甚至當場就答應，讓對方感受到你的誠意。

但是讓第二個三萬的時候就不能太快了。你也許可以說：「哎唷！這個價錢真的超過我的權限了。不過我一定替您爭取看看。我跟主管請示一下，明天回覆您好嗎？」

如果對方還是不滿意，要你再進一步降價，最後這一萬錢還是得吐出來，可是這個時候這一萬塊錢就要讓得更慢了。你可以說：「雖然您認為這一萬金額不大，但是這已經超過我們公司價格的底線了。如果真的要降這一萬給您的話，至少要簽核到副總。給我一點時間，我盡可能在三天之內回覆您好嗎？副總會不會答應我真的一點把握都沒有啊！」

之所以讓步速度要越來越慢，原理跟前面一致。人在錢多的時候，買什麼都不用想太多；而口袋快空的時候，買東西就要斤斤計較，深思熟慮。對方要求你降價，而你回應的時間越拉越長，一樣是在釋放「我快沒有了」的訊號。當對方覺得把你殺到見底的時候，他就會產生贏的感覺。請注意這裡的關鍵字是「對方覺得」，你是不是到底了不重要，重要的是對方覺得你有沒有到底。即使你已經到底了，而對方不覺得的話，他還是會繼續往下殺。

❸ 次數

談判時讓步要分幾次讓？當然沒有標準答案，不過原則是不要太多次。

像案例中的方案B，五次之後才出現底價。會讓人家質疑你到底有沒有誠意要跟我做生意呀？一般來說，我建議讓步大概就是三次，最多四次，然後就要守住底線。

至於方案D，一次讓到底，前面已經分析過了。除非你在江湖上擁有一刀到底的爽快名聲，否則對方很難相信你底線到了，也不會有贏的感覺。

其實讓步到底要讓幾次，不見得是事先可以完全掌握的，即使如此，還是得要預先規劃。為什麼不見得你完全能夠掌握呢？因為你本來只打算談到對方的副總就結束，而在那個時候也把所有的讓步空間都吐出來了。但是哪曉得最後的大魔王是總經理呢？為了打發大魔王，你不得不再咬牙多讓一點點。

所以規劃讓步，還要搭配PARTS裡的P，player，考慮對誰讓？讓多少？而這也是我一直強調的，談判的五大變數不是各自獨立，而是相依相扣。

三 讓步的原則：免費的都不珍惜

免費的都不珍惜。說得更精準一點：不用付出額外成本的，都不會珍惜。

這是人性。

工具人為什麼任人操弄，命運悲慘？因為他們的服務免費。為什麼吃到飽餐廳食物浪費的情況嚴重？因為多拿的、吃不完的，不會對消費者帶來額外的成本（所以現在也有餐廳對於剩下食物過多要另外收費，不過通常沒有認真執行）。

圖書館資源豐富而且都免費，但是我有個愛看書的朋友卻堅持，只要是他認為重要的書，一定自己買下來。因為他說花錢買來的書，就一定會想把它看完。我這朋友很懂人性的弱點，也善用人性的弱點來驅策自己看書。

這樣的人性，我們無力改變，卻可以好好運用，特別在談判讓步的時候。

如果你的讓步是免費的，也就是對方不需要因為你的讓步而付出成本，那麼他對你的讓步不會珍惜。要維護我方的權益，不讓對方長驅直入最好的方法，就是在每一次讓步的時候，盡量想辦法也讓對方付出一點代價。我知道這不一定每次都能做到，但就像我們一再強調的，如果你願意開始這樣想，並且盡可能這樣做，那麼成功的機率會大大增加。

以之前賣機器的方案C讓步方式為例。在第一次讓六萬時，除了爽快的答應之外，可能可以考慮要求對方吸收運費。

而在第二次讓三萬時，除了回覆時間拉長之外，也可以問對方那麼可不可以早一個月付款？你說這樣我比較好跟我的主管交代。

到了要讓最後一萬的時候，可以再請問客戶是不是同意我們把這次的合作寫成新聞稿，作為行銷之用呢？

我相信聰明的你一定也發現了，這時候其實又把「議題」這個變數放進來運用了。

有人可能會擔心，每次讓步都也跟對方要求一些東西，會不會引起對方的不悅？特別如果對方是客戶的時候？

你的顧慮是對的！這又回到我們一開始在規劃談判目的時，你要的是實質的利益、加強的關係，還是快速的時效？

你讓步爽快對方一定開心，但是對方開心真的是你要的嗎？你又願意為了這個開心付出多少代價呢？遺憾的是，這問題沒有標準答案，要靠談判者的智慧在「實質的利益」跟「加強的關係」中做取捨。而上述的分析和建議著重的是，如何有效的守住底線。

談判賺錢很快，而且談出來的所得都是淨利。但相對的，讓步讓出去的，也都是淨利。讓步真的要妥善規劃、穩紮穩打啊！

重點回顧

1. 談判可以不讓步，如果：
   (1) 你可以接受這個談判徹底破局。
   (2) 局勢對你很有利。
2. 要讓步的話，考慮三個角度：
   (1) 幅度：漸小。
   (2) 速度：漸慢。
   (3) 次數：不要多。
3. 免費的都不珍惜。所以每次讓步的時候，盡量想辦法也讓對方付出一點代價。

20 談判的出牌讓步與收尾

「收尾篇」

案例

Jeff 是位汽車銷售人員。有個客戶決定要買某款二百萬元的車了，和他進入到議價的階段。

於是 Jeff 立刻提出要送這位客戶市價大約二千元的某個汽車小配件。對方笑笑的說謝謝，收下來了。然後雙方繼續議價。

動動腦

1. 在二百萬元的汽車買賣中，這個二千元的小配件扮演什麼角色？
2. Jeff 在一開始議價就送出這個小配件，這個時機適當嗎？為什麼？
3. 你會給 Jeff 什麼建議呢？

一 談判的終局之戰

前面談過出牌及讓步，這一章談收尾。

談判對手什麼時候會心甘情願的結束談判？那就是當他覺得談的結果已經夠好，而且再談下去不會更好的時候。所以要順利的結束一場談判，就要讓對方覺得這個結果已經是最好的了。這就是收尾的關鍵。

換個講法，我們也可以把談判看成調整、影響對方期待的過程。當他的期待被滿足，他就滿意、他就停手。

談判的時候，對手期望的改變可以用下圖來描述。為了方便說明，這張圖是用買方的角度。

圖中起伏的曲線代表買方的期望，也就是買方希望談到的價格及條件。買方一開始希望談到很低的價格（A點，初始期望值），但這個期望隨談判的進行而變化。

因為賣方的堅持，加上所獲得的新資訊，買方意識到談到A點那樣低的條件是不可能的了。所以在經過幾次調整之後，他的期待在B點停住，也就是他大致認為能談到B點這個條件就算可以了（斷念期望值）。但是買方此時不會立刻點頭，賣方也會再跟買方堅持一下，說些「再降價真的會虧錢」之類的話。

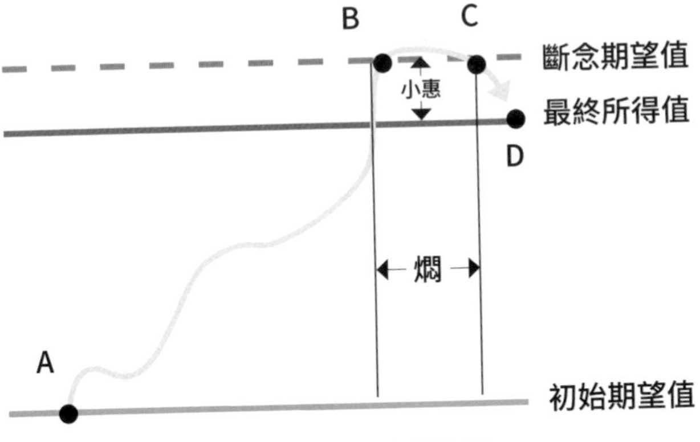

收尾與小惠：期望管理

雙方在B點僵持一段時間之後，到了C點。這時買方已經真的死心，認為能談到的最多就是C了。從B點到C點的這段時間，可以稱之為「燜」。可以想像成煮菜時為了更入味所多花的火候。

燜得差不多，味道也夠了，這時賣方就可以再多給一點點的小好處。此時這個小甜頭對買方來說就是喜出望外了。而賣方最後還願意用力擠出這一點，也表示仁至義盡了。如此一來，賣方有誠意、買方有滿意，當然就成交了。

而D點便是買方最終拿到的條件。從C點到D段的差距，就是賣方多放出來的好處，也就是所謂的小惠。

二 小惠：時機勝於大小，感覺重於實利

現在回到本章一開始賣車議價的場景。

Jeff在議價初期立刻要送這位客戶二千元的小配件，雖然對方一定開心，但是對於守住底線價格，幫助其實不大。在客戶微笑說謝謝的同時，這二千元的

價值當場歸零。

相對於二百萬元的汽車交易，二千元的配件差不多是個小惠的概念。導入小惠的概念之後，我們來看如何發揮這二千元配件的最大價值。

不管前面如何的廝殺，我們建議 Jeff 把這二千元的配件捏在手裡不放，直到 Jeff 認為「燜」得夠了。然後他可以這樣跟對方說：「大哥，你真的好厲害！太會殺了。我相信您生意一定做得很好。我佩服您！也非常有誠意想要為您服務。這樣吧！我最後再送您一個價值二千元的 XX 配件。價格都談到這樣低，公司是不可能再出條件的了。這個配件的成本全部是我自己吸收的，只希望您跟我買車買得開心。」

這時候客戶會不會停住不再殺價呢？很有機會。因為 Jeff 連這麼小的東西都吐出來了，代表說 Jeff 應該是真的沒有了。

所以運用小惠的關鍵是：

時機勝於大小，感覺重於實利。

也就是小惠不怕小，但出手時機是關鍵。原則上二百萬元的交易不太可能因為二千元而有「實質」的改變，但在這個階段，「實質」本來就不是重點，人客要的就是個「爽」字。所以「感覺重於實利」。

三 小惠的規劃與運用

那麼在較大型的商務談判該如何規劃小惠呢？這又要連結到議題多元化的概念。

在規劃談判時，就要事先從眾多的議題當中，挑選一、兩個價值不會太高，但是會讓對方還有點感覺的議題，然後把這些議題緊揑在手上不放。直到燜到最後火候已夠，可以一擊成功時才出手。

要特別提醒的是，千萬不要在最後的階段又放出一個大甜頭。否則對方會覺得說：「噢！原來你還有這麼多喔！那麼後面的應該還有更大的。來！來！來！用力再砍下去。」這樣會沒完沒了的。

以下列出幾個在商務談判時可以考慮的小惠。當然，這些僅供參考，畢竟每個談判都是獨一無二的。

- 訓練課程。
- 寄存在客戶的備品——有用才收費。
- 期間內追加訂單享有同樣優惠。
- 較好的付款條件。
- 延長免費的售後服務。

四 人情留一線，日後好相見

結束收尾這章之前，還有個跟為人處世有關的提醒。雖然是老生常談了，但還是值得參考。

這個提醒就是：「山水有相逢。」人情留一線，日後好相見。收尾時，盡可能在裡子和面子都給對方留些餘地。

裡子方面，即使你知道對方還有讓步的空間，也未必一定要砍到對方見肉見骨。實利和關係通常還是平衡一下比較好，畢竟有人說：「狼若回頭，不是報恩，就是報仇。」

面子方面，就是在談判結束時，可以的話請誠心的稱讚對方。他也許鬥志高昂，也許EQ絕佳，也許很誠懇。或者至少，謝謝他和你合作達成談判的目的。畢竟，談判時真正的敵人不是談判對手，而是雙方共同面對的問題。

重點回顧

1. 談判是調整並影響對方期望的過程。
2. 當對方覺得談的結果夠好，再談下去不會更好時，就會心甘情願結束談判。
3. 用「燜」來管理期待，用「小惠」讓對方喜出望外。
4. 成功的收尾，需要和多元化議題靈活搭配使用。
5. 人情留一線，日後好相見。

結語

談判的七宗罪

基督教有所謂的七宗罪，分別是：傲慢、貪婪、色慾、嫉妒、暴食、憤怒以及怠惰。所以特別強調這七項，是因為這七種罪惡能夠直接形成其他不道德的行為或習慣。

談判中也有七個最基本的錯誤，犯了這七個錯誤中的任何一個，就會使得談判這個可以讓彼此生活變得更美好的神奇工具，無法發揮其美好的效果。

以下說明這七個談判中最常犯的錯誤，作為本書的總結。

一 該談而沒談

不管打擊率高低，不揮棒什麼都沒有。

一個打擊手不管打擊率高或低，可以確定的是，只要他不揮棒一定沒有機會打出安打，甚至全壘打。

我同意何時該談判何時又不該談，本身就是一個需要大智慧的判斷。因為你現在看的是中文，我合理推論你也是有意無意間在儒家文化薰陶下成長。所以依照矯枉過正的原理，我強烈建議這樣的你以「去談」為預設值。以上這幾句話有三個關鍵詞，「儒家文化」、「矯枉過正」，「預設值」。分別說明如下：

❶ 儒家文化

我家孩子在國小低年級的時候，學校有熱心的媽媽去學校教孩子讀經。讀的其中一篇叫做弟子規。讀經媽媽教得很認真，還要求孩子能背誦。弟子規這個名字我聽過，但是從來沒有仔細看它的內容。既然孩子在學校被要求背誦，所以我也就找來看一看。看完之後我直接跟老師說我們家的孩子上課可以，但是不背弟子規。為什麼呢？因為弟子規的內容，我認為其實總結只有兩個字，聽話。

聽話沒有不好，但是我的觀念裡，講道理比聽話更重要。弟子規當然不等於儒家文化，但畢竟有相承的脈絡。依我的觀察，包含日、韓等這些曾受中文影響的「儒家文化圈」，即使到了現在，重視「聽話」的價值觀還是圍繞在這些社會中。

❷ 矯枉過正

什麼是矯枉過正？矯枉過正乍看是一個負面的意思，但是從另一個角度解讀，矯枉過正既是金屬加工的常見程序，也是改變行為的必要作為。

我大學讀的是機械，所以對於金屬加工略懂略懂。不過如果你對機械沒有興趣也沒關係。我保證以下說的你一定聽得懂。

請問你要讓一根鋼條產生十度的曲折，你要把他拉到幾度？具體要幾度不知道，但是絕對不會只有十度。因為鋼條有彈性，你如果只拉到十度的話它一定會彈回去一點，所以最後角度就在〇跟十度之間。一定要拉超過十度，再讓鋼條彈回去，最後才有機會剛好是十度。

所以，矯枉過正的意思就是如果要改變自己，就要先了解自己的本性。改變時，要給超過想要調整幅度的力道，然後你的本性會抗拒，會彈回來一點，最後的結果才叫做剛剛好。

所以延續前面說的儒家文化圈，如果你是在這樣社會成長的人，你的本性就是比較傾向於聽話。也就是，你的本性是傾向於接受，而不是去談。這就是我們的「出廠預設值」。

❸ 預設值

因此對於很多人來說，面對衝突時本能的反應是聽話、接受、不要去談。

基於以上的分析及矯枉過正的原理，我建議讀者各位，遇到可能需要談判的狀況時，參考以下原則：

(1) 想談就去談。

(2) 有點猶豫該不該談，還是去談。

(3) 你覺得這個場情境非常、非常不適合談，那才別談。

最後，還有些人不談的原因，是認為即使談了也不見得能夠得到想要的。

關於這點，我的提醒是：

(1) 只要可能更好，不用一定最好，就值得談。

(2) 用對方法好好談。至於何謂對的方法，希望你已經在本書中找到。

二 談之前沒有明確的目的

比怎麼追更重要的是，為什麼要追。

我有個朋友從高中時期開始苦追一個女生。追了十多年，那個女生換了幾任男友之後，最後終於跟我這個朋友在一起了。

有趣的是，當他們兩個真的結婚之後，有一次跟這朋友聚會，卻發現他講起他的婚姻生活乏善可陳。不禁讓人家納悶你當時追得那麼辛苦幹嘛？

這時候有另外一個說話刻薄的朋友就開口了。他說：「你這就是狗追公車。狗看到公車來就追，但是追到了也不知道要幹嘛！」

這位嘴賤的朋友既不相信愛情口業又重，我們不要管他。但我要說的是，很多人開始談判，也可能只是為了某種情緒、某種衝動，就像看到公車的狗。

本書中一直強調「為達目的、慎選手段」。要先想清楚目的是什麼，才來思考什麼是合適的手段。比怎麼樣追到女神更重要的是，這個女神究竟值不值得你追？還花了十多年追？

談判時先想清楚，而且要多想幾次，實質的利益、加強的關係、快速的時效，到底哪一個對你最重要呢？

有人說家庭不是講理的地方，是講愛的地方。這句話從談判的觀點來說，就是在處理家裡的事情時，關係的重要性遠高於其他兩者。所以談判前一定要先想清楚你到底要的是什麼。否則就是另外一隻追公車的狗。

不過在這裡還要強調一點，就是「你要的是什麼」這件事可以、也應該隨著客觀局勢的變化而調整。否則就是固執，而不是堅持了。

三 你只想到你自己

談判是為自己，但是不能只靠自己，更不能只想到自己。

談判是透過溝通跟交換，讓彼此生活變得更美好。溝通跟交換是談判的關鍵，而溝通跟交換這兩個動詞，都必然涉及到另外一個對象。本書中強調不管對方再強，你一定有談判籌碼，否則談判根本不會發生。但是對於很多人而言，他們需要的卻是反面的提醒，不管你再強，你一定需要對方，否則你根本不用跟他談，直接用搶的就好了。

談判時既然不是要去搶，就永遠要去思考對方想要什麼、對方有什麼；我又要什麼、我又有什麼，然後可以怎麼交換。

美好的交換前提還是價值認知的差異，這也是為什麼迴紋針能夠換到房子的原因。

四 太早開始談判

除非意外，否則做好準備再談。

談判有時候像愛情，說來就來。比方在拉麵店吃了半碗麵，才發現湯裡有一隻煮得軟爛的蒼蠅，這時跟老闆好好談一下是必須的。

這種天上掉下來的談判發生時，當然只能夠靠平常的修煉了。但是還有很多其他談判，特別是商務上的談判，我卻發現常犯的錯誤是太早發起談判。換句話說，明明有時間做好準備，偏偏卻不去做準備（不要問我明明是誰？也不要問我偏偏是誰？）

多年擔任業務主管的經驗，讓我觀察到有些鬥志高昂的業務特別享受跟客戶的廝殺，也就是特別愛跟客戶談判。不幸的是，這些人的成績通常不好；相反的，傑出的業務通常談判的時間短，次數也少。

為什麼？因為以銷售過程來說，成功的銷售談判建立在幾件事情上：

1. 客戶對你的信任。
2. 你對客戶需求的了解。
3. 你對客戶組織內部權力結構的掌握。
4. 你的提案是否符合客戶的需求。

事實上如果1、2、3這三個步驟都做得踏實，客戶就應該很能接受你的提案。而你的提案一旦符合客戶的需要，談判只是在一些小細節上調整，花不了什麼時間。

即使你面對的不是銷售談判，但上述這談判前的四個步驟一樣重要。因為談判的本質就是銷售，只是你賣的是你的想法，而不是產品而已。

五　把變數當作常數

輕易認定某些限制不可變，甚至根本沒有意識到限制的存在。

這個問題跟談判五大變數裡面的規則，rule，有特別的關係。

談判時，一定會有意無意的遵循一些規則。如果遵循這個規則，談判的結果就會被限制在某些範圍；如果打破這個規則，就可能有完全不同的結果。規則就是談判時不可變的常數，能夠改變結果的，則是談判裡的變數。

這事跟前面談過的「聽話」態度有關。當一顆習慣聽話的腦袋面對談判情境時，基本的預設值就是，別人告訴你不能變的事情就是不能變。這時候如果再配合溫良恭儉讓的美德，就完全不會去質疑，進而改變這些規則了。

一個好的談判者，通常要有一點創新、叛逆的精神。因為唯有這樣的態度才能打破習得性無能，開創新的局面。

六 贏得戰役，輸了戰爭

計較眼前小局勢，忽略長遠大格局。

當把談判當成無限賽局時，那麼爭的就不是眼前的小利，而是長期的大義。

至於哪一種談判應該被當成無限賽局呢？複習一下，人生中重要的談判基本上都是無限賽局。

我為企業進行談判策略工作坊時，發現許多學員談判時不管在積極度、溝通技巧，或臨場反應都相當出色。但是唯一的問題是，他談出來的結果不是主管要的，特別不是高階主管要的。

所以兩個提醒：

1. 生活中喬事情的談判請認真思考：你跟眼前的這位談判對手，比方說你的家人、你的朋友，或其他人，長期來看到底想要建立怎麼樣的關係？這才是真正重要的事情。在這個前提之下，眼前的得失，還有微不足道的口舌之快，都是可以放掉的。

2. 工作上的話，我建議你拍拍自己的腦袋，跟自己說，這是一顆執行長的腦袋。想想看如果你是這家公司的執行長的話，真正在乎的事會是什麼？還記得前面章節裡提過的，我在花蓮一泊二食養的那隻狗嗎？請確定咬回來的東西，真的是主人想要的。

七 把談判對手當敵人

談判對手是解決問題的夥伴，真正的敵人是困擾你們的共同問題。

真正的敵人是困擾你的問題。談判對手其實是幫你解決這個問題的夥伴，不管你喜不喜歡他。

有衝突，就代表彼此需要。有談判，就代表彼此一定有籌碼。當雙方人真的「田無溝，水無流」的時候，不會有談判。

不管你再怎麼討厭跟你談判的人，他們都是你解決問題的夥伴。因為你的問題需要他來一起解決，所以你才會出現在他的面前。

永遠不要把談判對手當成你的敵人，不管你多討厭他。當你把問題當成真正的敵人時，會有兩個美好的副作用發生：

1. 你跟他的關係變好了，因為人類有共同敵人的時候就會是盟友。
2. 問盟友這個問題有什麼想法？他想怎麼做？這就是再自然不過的事情了

吧？而當你提出這樣的請求時，雖然似乎在示弱，但同時也開始強化雙方的信任。

說了這麼多，讓我們回到故事開始的地方：談判，就是透過溝通跟交換，讓彼此生活變得更美好。

祝福大家有更美好的生活！感謝大家看了這本書，感謝這一路上我們彼此的分享跟成長。

重點回顧

談判最常犯的七個錯誤：

1. 該談而沒談：不管打擊率高低，不揮棒什麼都沒有。
2. 談之前沒有明確的目的：比怎麼追更重要的是，為什麼要追。
3. 你只想到你自己：談判是為自己，但是不能只靠自己，更不能只想到自己。
4. 太早開始談判：除非意外，否則做好準備再談。
5. 把變數當作常數：輕易認定某些限制不可變，甚至根本沒有意識到限制的存在。
6. 贏得戰役，輸了戰爭：計較眼前小局勢，忽略長遠大格局。
7. 把談判對手當敵人：談判對手是解決問題的夥伴，真正的敵人是困擾你們的共同問題。

附錄——「談判計畫表」範例

莎喲娜啦！東京！

個案情境

時間：18:00，3月31日

這一天下午，Jimmy的心情像坐溜滑梯，從最high一路往下掉。現在的他，鬱卒得想打人。

Jimmy任職的公司信義電機，從事電機設備的代理及銷售，是日本知名M公司在台灣規模最大的經銷商。大安機械，則是他經營了很久的一家客戶。

今天下午兩點左右，大安機器的採購課長Kathy在電話中告訴Jimmy，他報來的價格雖然還是高於目標價，但由於時間緊迫，他們已決定接受。只要完成內部程序，正式的訂單在下班前就會發過來。Jimmy開心的盤算，加上這張M公司型號180HP變頻器的訂單，他不僅達到第一季的業績而且還超標不少，因此可以領到一筆不錯的獎金。他打算利用這筆錢，在五月帶太太和八歲的女兒去日本迪士尼樂園玩。

大安機械過去一向用競爭品牌F牌的變頻器，這次由於他們的客戶指定用M牌，Jimmy總算有機會打入這個兵家必爭的客戶。現在拿下這張訂單，不僅業績漂亮，連帶也打開了後續商機的大門。

時間：16:00，3月31日

Jimmy從另一家客戶出來後，在常去的咖啡店坐下，歇口氣。他心想第一季順利渡過，下一季要更努力才是。特別是大安這個客戶，有了好的開始，還要繼續發揚光大。

這時手機響起，是Kathy。Jimmy以為是來通知訂單已經下了，心中正高興，沒想到Kathy開口就是：「Jimmy，我們也認識很久了，我很想幫你。不過M公司的另一家代理商文山電機告訴我，他們可以給我公司要的目標價。在我的立場，我沒有選擇。我再給你一次機會，只要你價格和他們一樣，單子還是你的。」

Jimmy沮喪的掛上電話。之前已報過三次價了，前兩次的價格都被Kathy砍得很慘。最後一次的價格，營業本部已經很有意見，要不是分公司陳經理在

Jimmy 的強力請求下幫他一再爭取，連這個價格都拿不到。

文山電機雖然同樣代理 M 公司產品，但規模遠不及 Jimmy 的公司。文山這些傢伙，是缺業績缺到瘋了嗎？這麼離譜的價格也報得出來。

東京築地市場美味的壽司已在向他招手，他不願就此放棄。他立刻向分公司陳經理報告，陳經理也很幫忙，答應立刻再向營業本部爭取，但需要時間。

時間：16:30，3月31日

Jimmy 在回公司的路上，手機又響起。「營業本部說真的有困難，他們要再精算成本。你告訴 Kathy，請再給我們一個小時的時間。我們會盡最大努力！」經理用急促的語氣，簡短說出幾個字後立刻掛掉。

時間：17:15，3月31日

Jimmy 剛出公司電梯，還沒踏入辦公室，Kathy 電話又進來了。「不好意思啦！我單子已經下給文山電機了。沒辦法，我老闆催著要貨。你們下次動作要快點！」Kathy 的聲音一向輕柔，但此刻聽來卻像法官宣判刑期一樣冷酷。

莎喲娜啦！東京！莎喲娜啦！迪士尼！

動動腦

請依以下的提示，思考如果你是 Jimmy，如果能再重來一次，有哪些因素你應該要考慮？有哪些變數你可以運用？建議先操練一下你的大腦，想想這些問題。不要急著看後面的參考答案喔！

1. 談判的目的：

Jimmy 在這場談判中，他可以設定什麼談判的目的？

2. 立場與利益：

Kathy 要貨急殺價兇，但這其實只是她的立場。她真正要的「利益」可能是什麼？

3. Player，人：

Jimmy 有找到對的人參與談判嗎？這個案子還應該讓哪些人參與談判？

4. Added value，談判籌碼：

Jimmy 看似弱勢，但他究竟有什麼談判籌碼？

5. Rule，規則：

雙方遵守什麼談判規則？這些規則可不可以改變？

6. Tactic，戰術：

可以改變 Kathy 的認知嗎？可以運用什麼心理戰術？

7. Subject，議題：

這個案例可以如何多元化議題？如何切割？如何掛鉤？或是有其他的處理方式？

8. Jimmy 有機會讓這個不愉快的結果不要發生嗎？如果是的話，可以如何做？

解析

在這個案中，Jimmy 最大的致命傷在於兩個字：單一。對象單一、規則單一、議題單一；還有最重要的，目的單一。而且這四個「單一」交集糾結，相互拖累。

❶ 對象單一：

Jimmy 從頭到尾就只和 Kathy 一個人談，她也是 Jimmy 唯一的資訊來源。大安機械為什麼忽然不用 F 公司的產品，而要改用 M 公司的產品？這樣的改變不會憑空發生，必定其來有自。如果不知道發生的事情，並深入了解這個事情對大安機械的衝擊，就沒有辦法深入了解他們的需求，並精準評估雙方的談判籌碼。要做到這一點，需要較多元的資訊來源交叉比對。所以如果 Jimmy 在大安機械只有 Kathy 這單一接觸點的話，注定讓他居於資訊劣勢的不利地位。

❷ 規則單一：

不知道 Jimmy 有沒有察覺，這場談判依循以下規則，就是：

1. 產品同規格，價格低者勝出。

2. 同規格同價格，Jimmy 家的信義電機優先。

這是一個很合理的商業決策，也考慮了和 Jimmy 的關係。但是如果依循這個規則，談判的結果就會局限在某些可能。而這有限的可能，未必對談判的雙方就是最好的結果。

❸ 議題單一：

大安機械的客戶為什麼會從F公司更換成M公司的產品？而且還這麼快要完成轉換？這代表F公司極可能是品質出了大問題。要多元化這個案子的議題，至少可以從以下三個角度切入：

1. 加入品質議題：

為了要確保品質，也許售後維修服務的時效、保固時間的長短、能否提供出問題時緊急替換的備品等議題，都有可能影響採購決策。品管部門的主管如果也加入談判，他可能比 Kathy 更在乎這些議題。

2. 加入財務議題：

信義電機的規模遠大於文山電機，所以合理的推論是資金更為寬裕。如果信義電機提供大安機械極為優惠的付款條件，文山電機未必能輕易跟進。

3. 加入時間議題：

Jimmy 可以規劃對大安機械的長期業務方案。將對大安機械的短期降價連結到雙方長期的合作。比方如：

- 接受大安機械提出的價格要求，同時也請求大安機械開始測試其他產品，並進而評估採購這些產品的可行性。
- 接受大安機械提出的價格要求，同時也請求安排雙方高層的會面。
- 接受大安機械提出的價格要求，同時也請求將雙方的合作寫成新聞稿在媒體發表。

以上作法都將大幅擴大 Jimmy 公司擴大在大安機械業務的機會。雖然並不知道大安機械最後會不會接受這些請求，但談判就是提高打擊率，有談有機會，不是嗎？

4 目的單一：

目的單一是最關鍵的缺失。

這個案子看來 Jimmy 就是想賣出 M 牌型號 180HP 的變頻器，然後最後輸給賣一樣產品但價格更低的文山電機。所以如果 Jimmy 一開始就能說服營業本部更用力降價，結果應該就不一樣了。

有人說降價跟脫褲子一樣，每個人都會，只是看敢不敢、要不要？但是賠錢生意又沒人做，所以文山電機是哪來這樣瘋狂降價的勇氣呢？

答案只有一個，就是他們認為即使目前這張訂單沒賺甚至賠錢，但長期來看，和大安機械的生意是會賺錢的。換句話說，他們用「無限賽局」的觀點看待這場談判。

但是 Jimmy 呢？我想他絕不會笨到沒去想以後的生意，但是他有把以後生意的價值算清楚，並且如本書所說的，從實利、時效、關係三方面換成「錢」來跟營業本部溝通嗎？恐怕沒有。如果有的話，結果極可能會不一樣。

❺ 四個單一互相拖累

這四個單一相互糾纏，最終形成完美風暴。

Jimmy 在大安機械的組織中只有 Kathy 單一的談判對象。所以資訊廣度不足。

Kathy 說訂單很急，所以應該有時間壓力。Jimmy 要贏文山電機，除了要能降價，還要反應夠快。

Jimmy 能不能把降價「時效」的價值，連結到長期「關係」的價值，並以此說服營業本部更快速的回應降價要求，是這個案子成敗的關鍵。

換句話說，Jimmy 的這場談判除了 Kathy 之外，還有一個更重要的談判對手，就是營業本部裡決定降價幅度的那個決策者。

對外談判時，常忽略了更關鍵的談判對手竟是內部的自己人。對營業本部的那位大boss而言，降價是稀缺資源；讓他認為在大安這個客戶身上加碼是划算的投資，這是Jimmy的責任。

該說結論了。Jimmy要改變談判結果，有兩個方向，對外及對內。

1. 對外，爭取將價格之外，其他有利於己方的議題加入談判。
2. 對內，提高公司高層對大安機械對公司長期價值的重視，以致願意提供更大、更快的價格支持。

如同本書強調的：「真正會害死你的不是你不知道的，而是你不知道你不知道的」。所以，接下來運用談判計畫表的時候，便要去思考哪些資訊是Jimmy已經知道的事情，哪些資訊則是如果Jimmy想要改變這一個談判結果，他還必須要去掌握的資訊。

我完全可以理解要獲得這些資訊也許都不容易。但是知道重要、也努力嘗試，可惜最後仍沒得到，跟從頭到尾都不知道這些資訊的重要，是完全不一樣的境界，也會有完全不一樣的結果。

談判計畫表

填表日期：　　／　　／

談判主題：	
談判對象（組織）： 大安機械	主要談判對手姓名（個人）：　1. 採購課長 Kathy

以下人物，是在這個案中，Jimmy 可能也要了解他們的需要和想法的人：
大安機械：
1. Kathy 的主管。他也許才是真正的決策者
2. 大安機械品管部門主管。他也許在價格之外，還有其他的考量
信義電機：
1. Jimmy 的主管陳經理。可以他的名義，請求見到 Kathy 以外的其他人
2. 營業本部決定降價的決策者。他是能讓 Jimmy 得到即時降價支援的人

一、談判的目的

		實利	關係	時效
這次談判要達到的具體目的	想得到的結果	銷售 M 牌型號 180HP 變頻器	希望以這張訂單展開後續更多的合作	符合 Kathy 提出來的時限
	以三年為基礎，換成錢	評估未來 3 年大安機械的對 M 牌型號 180HP 變頻器的需求量	評估未來 3 年，大安機械在信義電機可供貨的所有產品線的總合需求量。也就是除了 180HP 變頻器，Jimmy 公司還可以賣其他什麼產品給大安機械？這些可能銷售的產品總金額是多少？	如果錯過 Kathy 給的時限，損失的不只這張訂單，更是將巨大商機拱手讓人

<table>
<tr><td rowspan="4">雙方的「立場」與真正的「利益」，分別是什麼？</td><th>我方的立場</th><th>對方的立場</th></tr>
<tr><td>用已爭取到的價格賣出 M 牌 180HP 變頻器</td><td>用可得到的最低價格買到 M 牌 180HP 變頻器</td></tr>
<tr><th>我方的利益</th><th>對方的利益</th></tr>
<tr><td>成為大安機械信賴的長期供應商，是更值得追求的談判利益</td><td>其實我們不清楚，但有可能是：
於私：
1. 不想被主管怪罪
2. 想維持在供應商面前的威嚴
於公：
1. 爭取公司最大利益
2. 讓客戶的品質不再有問題

而不管於公於私，滿足 Kathy 利益的方法都有很多，而不是只有降價</td></tr>
</table>

二、影響談判結果的變數

<table>
<tr><td rowspan="5">Players</td><td>預計談判局數</td><td colspan="5"></td></tr>
<tr><td rowspan="4">各局參加人員</td><td></td><th>第一局</th><th>第二局</th><th>第三局</th><th>第四局</th></tr>
<tr><th>我方</th><td>Jimmy</td><td>Jimmy 及 Jimmy 的直屬經理</td><td>Jimmy 及 Jimmy 的直屬經理</td><td>Jimmy</td></tr>
<tr><th>對方</th><td>Kathy</td><td>Kathy 及其他可以約到的大安機械其他部門的人，特別是品管部門的人</td><td></td><td>Kathy</td></tr>
<tr><th>第三方</th><td></td><td></td><td>Jimmy 公司營業本部的價格決策者</td><td></td></tr>
</table>

<table>
<tr><td rowspan="6">Added Values</td><td rowspan="4">如果你玩的話，
你有什麼權力？</td><td>資源權</td><td>Jimmy 有大安機械想要的 M 牌 180HP 變頻器</td></tr>
<tr><td>專家權</td><td></td></tr>
<tr><td>法定權</td><td></td></tr>
<tr><td>負面權</td><td>沒有信義，Kathy 就不能藉此去砍文山的價格。這樣 Kathy 不好做事</td></tr>
<tr><td>如果你不玩的話，
你的 BATNA 是什麼？</td><td colspan="2">如果 Jimmy 要達到第一季的業績，目前看來非要大安機械的訂單不可，特別是在時間已是 3 月最後一天的時候
也就是 Jimmy 因為有結算季業績的時限，所以他的 BATNA 勢必隨著 3 月 31 日的接近而變弱</td></tr>
<tr><td>有什麼方法，
可以強化你的 BATNA 嗎？</td><td colspan="2">如果 Jimmy 有更多其他客戶的訂單來達到業績目標，他就不用如此在意大安機械
更早開拓更多的客戶，是強化 Jimmy 的 BATNA 的方法</td></tr>
<tr><td rowspan="2">Rules</td><td>這個談判有依循什麼規則嗎？</td><td colspan="2">有。規則如下：
1. 規格 - 如 M 牌 180HP 變頻器
2. 價格 - 愈低愈好。但如果價格相同，以 Jimmy 的公司優先</td></tr>
<tr><td>你打算遵循這個規則嗎？
為什麼？</td><td colspan="2">1. 改變規格對 Jimmy 沒有好處。因為文山電機也代理 M 公司的產品，所以能提出的產品規格沒有差異。所以可以遵循這個規則
2. 但是遵循價格的規則對 Jimmy 不利，應該打破</td></tr>
</table>

<table>
<tr><td rowspan="3">Rules</td><td rowspan="2">破壞這個規則對雙方的好處</td><td colspan="3">對我方的好處</td><td colspan="3">對對方的好處</td></tr>
<tr><td colspan="3">贏得訂單</td><td colspan="3">得到除了產品本身之外，還包含服務的整體品質保證</td></tr>
<tr><td>可以引入什麼對我方有利的新規則嗎？</td><td colspan="6">加上價格之外的規則，如服務，對 Jimmy 可能有利。因為可創造文山電機難以跟進的競爭條件</td></tr>
<tr><td rowspan="3">Subjects</td><td>有什麼議題可以放到這場談判中，以使結果對我方比較有利？</td><td colspan="6">1. 其他和品質有關的服務，如保固，售後服務，備用零件等
2. 付款條件
3. 日後長期的合作關係</td></tr>
<tr><td rowspan="2">請在這些議題中，選出三個雙方「認知價值差異」比較大的</td><td colspan="2">議題一</td><td colspan="2">議題二</td><td colspan="2">議題三</td></tr>
<tr><td colspan="2">延長保固</td><td colspan="2">放在大安機械客戶端的備用零件（有用到才付錢）</td><td colspan="2">付款條件</td></tr>
<tr><td rowspan="2">Tactics</td><td rowspan="2">迷霧：這場談判中你可以如何運用迷霧？</td><td colspan="2">製造迷霧</td><td colspan="2">消除迷霧</td><td colspan="2">維持迷霧</td></tr>
<tr><td colspan="2"></td><td colspan="2">對 Kathy 攤開信義電機的成本，以合作夥伴的態度，尋求長期可行的方案</td><td colspan="2"></td></tr>
</table>

<table>
<tr><td rowspan="8">Tactics</td><td rowspan="2">比較：你考慮將你的提議，打包成幾「包」方案嗎？</td><td colspan="2">方案一</td><td colspan="2">方案二</td><td colspan="2">方案三</td></tr>
<tr><td colspan="2">有延長保固，並請求大安進一步評估其他產品（後面這一點不需要載入合約），但價格略高一點點</td><td colspan="2">沒有延長保固，沒有其他條件，價格略低</td><td colspan="2"></td></tr>
<tr><td rowspan="2">好感：可以找出雙方的什麼共同點來建立對方對我們的好感？</td><td colspan="2">共同點一</td><td colspan="2">共同點二</td><td colspan="2">共同點三</td></tr>
<tr><td colspan="2">直接對 Kathy 示弱。以雙方各為其主，都有為難的理由，讓雙方的差異成為共同敵人，請求 Kathy 指導如何化解這個僵局</td><td colspan="2"></td><td colspan="2"></td></tr>
<tr><td rowspan="2">互惠：談判中你計畫給對方什麼好處？怎麼給？何時給？</td><td colspan="3">基本款——
有來有往</td><td colspan="3">進階款——
退而求次</td></tr>
<tr><td colspan="3">細數過去和 Kathy 的來往經驗，感性提醒過往的交情和付出</td><td colspan="3"></td></tr>
<tr><td>一致：要讓步的話，可以加上什麼條件，讓「慣例」變「特例」？</td><td colspan="6">條件 1：一次採購某個大量以上才有這樣的折扣（但必要的話可以允許客戶分批出貨）
條件 2：
條件 3：</td></tr>
</table>

<table>
<tr><th colspan="6">三、出牌、讓步與收尾</th></tr>
<tr><td rowspan="3">出牌</td><td>你計畫開高？高低？或開平？</td><td colspan="4">以這個案子來說，開平應該是比較合理的選項</td></tr>
<tr><td>之所以這樣開牌的原因是什麼？</td><td colspan="4">要搶既有供應商的案子，開高的勝算低；開低的話，面對競爭，後面的空間更小。根據幾個適當的基準來開平，應該是比較好的作法</td></tr>
<tr><td>你計畫給對方的第一個提案是什麼？</td><td colspan="4">從案例中無法判斷具體的內容。但建議：
1. 在一開始就要提出多元化的議題。因為這樣會影響後續的談判方向
2. 開平的基準要合理，並事前搜集充份的相關資訊</td></tr>
<tr><td rowspan="4">讓步</td><td>次數：你計畫讓步的次數（配合 Players 的預計談判局數）</td><td colspan="4">從案例內容來看，這場談判在 3 月 31 日之前已經讓步過三次。而 Jimmy 的問題就是沒有盤算到還必須有第四次</td></tr>
<tr><td rowspan="2">幅度：預計的讓步幅度</td><td>第一次</td><td>第二次</td><td>第三次</td><td>第四次</td></tr>
<tr><td>建議要遞減</td><td>建議要遞減</td><td>建議要遞減</td><td>建議要遞減</td></tr>
<tr><td>速度：計畫的讓步速度</td><td colspan="4">讓步的原則是速度漸慢。但在這案例中，反而在最後要快速但堅定給出最後的方案</td></tr>
<tr><td>收尾</td><td>談判的「議題」中，有什麼是你打算當作「小惠」，留在收尾時使用？</td><td colspan="4">有很多可能，例如，如果原本客戶是要負擔運費的話，由信義電機吸收部分運費也許是可行方向</td></tr>
</table>

國家圖書館出版品預行編目 (CIP) 資料

PARTS 談判思維：百大企業指定名師教你拆解談判結構，幫你在談判攻防中搶佔先機、創造雙贏 / 林宜璟著 . -- 初版 . -- 臺北市：商周出版：英屬蓋曼群島商家庭傳媒股份有限公司城邦分公司發行 , 民 111.09
面； 公分 --（新商業周刊叢書；BW0810）
ISBN 978-626-318-411-4（平裝）

1. CST：商業談判 2.CST：談判策略

490.17 111013374

新商業周刊叢書 BW0810

PARTS 談判思維

百大企業指定名師教你拆解談判結構，幫你在談判攻防中搶佔先機、創造雙贏

作　　　者／林宜璟
責 任 編 輯／陳冠豪
版　　　權／吳亭儀、林易萱、江欣瑜、顏慧儀
行 銷 業 務／周佑潔、林秀津、黃崇華、賴正祐、郭盈君

總　編　輯／陳美靜
總　經　理／彭之琬
事業群總經理／黃淑貞
發　行　人／何飛鵬
法 律 顧 問／台英國際商務法律事務所
出　　　版／商周出版
台北市中山區民生東路二段 141 號 9 樓
電話：(02)2500-7008　傳真：(02)2500-7759
E-mail：bwp.service@cite.com.tw
Blog：http://bwp25007008.pixnet.net/blog
發　　　行／英屬蓋曼群島商家庭傳媒股份有限公司城邦分公司
台北市中山區民生東路二段 141 號 2 樓
書虫客服服務專線：(02)2500-7718・(02)2500-7719
24 小時傳真服務：(02)2500-1990・(02)2500-1991
服務時間：週一至週五 09:30-12:00・13:30-17L00
郵撥帳號：19863813　戶名：書虫股份有限公司
讀者服務信箱：service@readingclub.com.tw
歡迎光臨城邦讀書花園　網址：www.cite.com.tw
香港發行所／城邦（香港）出版集團有限公司
香港灣仔駱克道 193 號東超商業中心 1 樓
電話：(825)2508-6231　傳真：(852)2578-9337
E-mail：hkcite@biznetvigator.com
馬新發行所／城邦（馬新）出版集團【Cite (M) Sdn. Bhd.】
41, Jalan Radin Anum, Bandar Baru Sri Petaling,
57000 Kuala Lumpur, Malaysia.
電話：(603)9057-8822　傳真：(603)9057-6622
E-mail: cite@cite.com.my

封 面 設 計／FE 設計　　內文排版／李偉涵
印　　　刷／韋懋實業有限公司
經　銷　商／聯合發行股份有限公司　電話：(02)2917-8022　傳真：(02) 2911-0053
地址：新北市新店區寶橋路 235 巷 6 弄 6 號 2 樓

■ 2022 年（民 111 年）9 月初版
■ 2022 年（民 111 年）12 月初版 2.1 刷

Printed in Taiwan
城邦讀書花園
www.cite.com.tw

定價／450 元（紙本）　315 元（EPUB）
ISBN：978-626-318-411-4（紙本）
ISBN：978-626-318-418-3（EPUB）